# 死亡專門戶

## 12門死亡產業探祕
## 向職人學習與生命共處和告別

# ALL THE LIVING AND THE DEAD

海莉．坎貝爾 著　朱崇旻 譯
HAYLEY CAMPBELL

# 各界推薦

關於死亡，宗教家用美麗的譬喻去講生命之流的延續，恐怖片導演拿它來刺激觀眾的腎上腺素……有些溫暖明亮，有些恐怖靈異。

我們有沒有可能好好凝視死亡，不美化也不醜化它？海莉・坎貝爾做到了。這位作家兼記者，透過對十二位死亡產業職人的深度採訪，像嚮導一樣帶我們親臨種種死亡現場。透過她誠摯的眼與筆，真實的力量非比尋常。

——**王錦華／《鏡週刊》人物組副總編輯**

作者從小對於死亡形式、屍體變化……等都充滿好奇。長大後作者更是落實這份好奇，訪談死亡相關工作者，探究起死亡如何在我們生活中發生，一本好書因此誕生。

書中對死亡相關工作者有細膩的描繪，彷彿置身於場域當中深入其境，亦能窺視工作者如何看待死亡，以及作者對死亡的反思，與死亡也有多面向對話，是一本值得分享與收藏的作品，推薦給各位朋友們。

——李安琪／《打擾了，我是大體化妝師》作者

「死亡」是人最重要的導師，它帶來的衝擊與啟示性遠勝過生命的其他面向。這本書的作者海莉・坎貝爾就好像助教，在課堂上處處提醒我們，這裡應該要看仔細、這邊應該要想一想。她的描述或體驗，不時打動我，例如裡面寫道：「……她怎麼會在連死亡長什麼模樣都不知道的情況下，被迫面對家人與自己的死亡呢？」如果不想被迫面對，不妨跟著作者一起審視這些死亡的現場！

——郭憲鴻（小冬瓜）／人氣YT頻道「單程旅行社」

《死亡專門戶》架構在十二門死亡產業基礎上，卻有別於一般犯罪與殯葬書籍，既不是探討破案細節與技巧，也不是評論整個案件的過程，完全是站在非科

學、傾人文的角度在描述死亡從業人員帶給我們的感動！

漫長的法醫與修復師生涯，經歷無數驚濤駭浪的案件，我才驚覺無論擁有多縝密的辦案邏輯、多高明的修復技術，在生命的洗禮下，自己是如此地平凡。海莉・坎貝爾透過此書記錄下人世間各種情感交織而成的生命課題，傳達生命不僅僅只是來時軌跡的紀錄，更是經由時間得來的啟發與反思！

——**楊敏昇**／資深法醫

這些建立於死亡基礎而誕生的職業，看似神祕又讓人感到陌生、畏懼、好奇，平時我們並不知其工作內容，卻在需要時，才知這些工作的重要。

作者記錄了十二種死亡產業職人，讓人了解死亡之後，為了所謂的圓滿，這些產業便開始運作。因死而存，因著死亡覺察出生命的美好。

文章中，我們會發現，磕碰踉蹌之中，死亡降臨，看著這些經手死亡的職人，更能體會活著的美好。

——**盧拉拉**／特殊現場清理員

推薦序／

# 不要懼怕，我們是因為死亡而存在

——大師兄／前殯葬所服務人員

「大家好，我是大師兄，我之前是在殯儀館上班，後來也有去葬儀社工作！大家知道這兩個工作的區別嗎？不知道沒關係，讓我來慢慢地告訴你。」

這句話，是我在講座時的開頭，而且大概台下百分之九十以上的人，不知道「殯葬」在做些什麼？

其實剛看這本書，我的感觸就很深。到底人最開始是在什麼時候有死亡的概念呢？而第一個面對的往生者，是不是都是自己的親人呢？那些在做死亡工作的人，到底是在做什麼呢？

這些問題總是會在腦中一閃而過，但是對我來說，以前的我從來不會細想，因為我對死亡這件事情帶著很大的恐懼！

死亡代表著生命的終結，代表著以後你不能再看到你喜歡的人、做你喜歡的事、聽你喜歡的歌。你將化作一縷靈魂，而且不知道下一個該到的地方是哪裡？是天家呢？又或是佛國呢？還是西方淨土？又或是地獄？我們茫茫然，無所知。正因為無所知，所以感到恐懼而不敢去細想。於是這些問題我們就只敢放在心裡，不敢談。

我看到的第一具遺體，參加的第一場喪禮，也是我最愛的人——我的阿姨。

印象中，當時的我連夜趕回去，但是要在冰庫前見祂遺體的最後一面，我不敢。雖然我很愛祂，但我覺得人死後就是變成鬼，變成鬼就意味著會很可怕！

還有在旁邊服務的人員，我總是覺得陰氣深深的，不管他們在做什麼，總是散發著一股黑魔法的氣息。感覺他們就是活在人間的陰間使者，讓人很不舒服。而我也萬萬想不到，等到我長大之後，我變成了小時候害怕的那些人。

但是我看著他們將我阿姨的遺體清潔乾淨，畫得美美的讓祂躺在棺木裡面，跟最後來看祂的每一個人告別，我突然又覺得那些陰森森的人，背後好像冒出一些光來！

就是因為我的不了解，讓我打從內心地感到害怕。

我還依稀記得當年去殯儀館應徵的時候，我的主管問我：「那個來面試的，你會怕看遺體嗎？」

我聽了之後滿頭問號。我這輩子也只看過兩次遺體，一次是我阿姨的，一次是我爸的，哪有什麼機會看其他遺體呀？還是其實我是異類？其他的每個人一輩子都會看很多遺體？

這題我答不出來，另一個考官就說：「這樣問問不出來啦！等等帶他去冰庫看！」

然後我就被帶去冰庫，看了人生第一次的非親人遺體，這時的我，才感受到那個震撼，但是沒有害怕。也因為這震撼又不害怕的心情，讓我對殯葬這行感到十分好奇。

我開始在殯儀館值夜班，然後轉到白班接體，然後又去火葬場上班，後來到葬儀社之後，我開始跟殯葬服務人員聊天：洗澡的阿弟仔、在場內場外服務的禮生、負責整體規劃的禮儀師、念經的師父、主持喪禮的司儀。也曾經跑到馬來西亞看他們的禮儀服務，甚至到了現在，我還可以透過這本書認識其他國家的喪禮人員在做些什麼，真的是一件很有趣的事情，而且永遠學不完。

我也希望大家可以透過這本書，來認識這個行業，不要懼怕，人總會死，而我們是因為死亡而存在！

# 作者的話

為了保護死者的隱私，我修改了一些細節。

本書中的生者是以原本面貌呈現。

生命之所以不幸，單純是因為地球一次次運轉、太陽無情地東昇與西落，我們每一個人都終將面對太陽最後、最後一次西落。也許全人類所有煩惱的根源在於，我們犧牲了生命所有的美好，將自己囚禁於標誌、禁忌、十字架、血祭、教堂、清真寺、種族、軍隊、旗幟、國族，而這一切就只是為了否定「死亡」這唯一的事實。

——美國作家詹姆斯·鮑德溫，《下一次將是烈火》

CONTENTS 目錄

# 前言

在剛出生時，沒有人知道自己終有一天會死，總得有人揭露這份壞消息。我問過爸爸是不是他告訴我的，但他已經不記得了。

有些人還記得自己獲知真相的確切時刻，那一刻成了他們生命中的分水嶺，將人生切割成「之前」與「之後」兩部分。他們或許記得鳥兒撞上窗戶的聲響，目睹了小鳥墜地前被玻璃撞斷頸子的剎那，或許也記得有人對自己解釋這一切，有人將滿身羽毛的癱軟屍體從門廊地上拎起來埋進花園，鳥翅在地上塵埃留下的印痕卻久久未消。也許你生命中第一次接觸的死亡是金魚或祖父母，在魚鰭一閃而逝、被捲入馬桶漩渦那短暫數秒，你可能絞盡了腦汁試圖理解生命的有限。

我記憶中沒有這樣的時刻，現在已經不記得死亡存在前的人生了。死亡總是存在我的生活中，隨時隨地伴隨著我。

這一切，或許是從死去的五名女性開始的。在我十歲以前，爸爸──漫畫家艾迪・坎貝爾一直在畫一部名為《來自地獄》的漫畫，故事作者是美漫大師艾倫・摩爾，講的是開膛手傑克的故事，粗糙的黑白線條完全展現出了他的殘忍與恐怖。「開膛手傑克」一直是我們生活中極為重要的一部分，年幼的妹妹會模仿書中人物戴著高禮帽吃早餐，我則會一面「盧」爸爸讓我做媽媽已經明言禁止的某件事，一面踮起腳尖偷看他釘在製圖版上的犯罪現場照片。遇害的女人被開膛剖腹，臉部與大腿的肉都被撕了下來，旁邊則是黑白分明的解剖照片，我清楚看見她們下垂的胸部與小腹，以及從頸部延伸到胯下那類似橄欖球縫線的縫合痕跡。還記得我當時抬頭看著她們，心中的情緒不是震驚，而是新奇。

我很想知道她們怎麼了，還想看更多圖片。我心想，如果照片再清晰一些就好了，如果是彩色照片就好了。那些情境離我所知的生活過於遙遠，對我而言過於陌生，完全沒令我感到害怕。現在的我重新檢視那幾張照片，映入眼簾的畫面卻迥然不同——我看見暴力、掙扎與仇女心態，看見消逝的性命，然而兒時的我不具備充分的情緒認知，無法理解這些事件的恐怖。雖然沒能理解我看見的畫面，我仍然在腦中目睹了有如鳥兒撞上玻璃窗的情景，自此之後我就一再拎起門廊地上的鳥屍，想要將這一切看得仔細。

七歲時的我和現在身為記者的我差不多，為了將問題想清楚，我把自己的疑問記錄在紙上。我經常坐在爸爸身旁，學他用氈頭筆畫圖，描繪人類所有的暴力死法，畫滿了一冊，都是我從電影、電視、新聞，以及爸爸書桌蒐羅而來的。手冊裡還有一張骷髏頭圖案，旁邊附了一句圖示：「如果有人把你的頭砍掉，等你皮膚爛掉以後就長這樣。」

爸爸有次從肉販那裡買了顆腎臟，下面墊了條手帕後擺在起居室裡讓他當作畫圖參考，我也在他身旁跟著畫畫。那顆腎在炎熱氣溫下很快就腐爛了，我的圖畫忠實呈現了完整的場景，將聚集在腐肉周圍的蒼蠅也都畫進去了。爸爸將我的作品全收集成一冊，客人來訪時他就驕傲地拿出來嚇人。

除了在屋內，屋外也看得到死亡的影子。我們家那條街一向車水馬龍，貓咪的壽命往往很短，我們不時會看到全身僵硬的貓屍躺在水溝裡。這時我們就會用握炒菜鍋的動作，抓著尾巴將牠們提起來，在黎明時分埋葬牠們，為我們認識與不認識的貓咪辦了一場場低調的小葬禮。每到夏季，我走路上學的路線往往會因為鳥類（通常是喜鵲）死亡與腐敗而更動。在天冷時撞見鳥屍沒什麼大不了的，不過在澳洲酷熱的夏天屍體腐爛得太快，有時光是一隻鳥就能封死整條街，校長還會建議我們避開那條路，等死亡的氣味消散再回去。我總是走禁忌之路上學，滿心期盼路上出現飄著腐臭味的鳥屍，以便仔細端詳牠的臉。

死亡場面成了家常便飯：爸爸有時會影印他的圖畫，影印版用畢就丟到廢紙堆，而我經常沒有多想就從廢紙堆拿起一張，在背面寫功課。「這是死掉的妓女。」老師啞口無言地拿起那張畫滿黑血與死屍的紙時，我對她說道。「反正就只是圖而已嘛。」在我眼裡，死亡就只是會發生且經常發生的一件事罷了，人們卻不停告訴我這是不可言說的壞事，彷彿逮到我非法入侵。「很不適當」——老師在和我爸媽通電話時，就是這麼說的。

那是所天主教學校，學校的帕瓦神父是個老愛碎碎唸的愛爾蘭人，我一直覺得他老得不可思議，卻又偶爾看到他穿著祭衣、踩著垃圾桶裡的垃圾跳上跳下，趕在垃圾車來前將更多垃圾塞進去。神父每周會在教堂前頭和我們面對面坐下，直言不諱地對我們說故事，他指著上方的彩繪玻璃圖案敘說耶穌背負十字架、最後死在十字架上的故事。一天下午，帕瓦神父指向了聖壇左側一盞紅燈，他說當燈泡亮起時，就表示上帝降臨這間教堂，與我們同在——是上帝點亮了燈泡。我抬頭看向華麗黃銅燈籠內散發紅光的燈泡，發問道：如果是上帝點亮了燈泡，那為什麼牆邊有一條延長線，電線延伸到天花板、順著燈籠上方的金屬鏈連到了燈泡上？神父頓了頓，清了清喉嚨，說一句「別再問了」之類的話，接著速速轉移話題。他從此將我視為「問題學生」，除了和我爸媽會談以外（爸媽一個驕傲，一個尷尬），他再也不讓我參與彌撒當中麵包與紅酒的部分了。

見神父試圖將燈泡與電線說成魔法神蹟，我心中萌生了疑慮，從此之後對所有制度性宗教都抱持懷疑態度。在我心目中，宗教似乎就只是巧妙的言詞、虛幻的萬靈藥、悅耳的謊言。天堂聽上去太過簡單，怎麼一個人好好做人，以後就能得到完美的度假套餐行程？我還得讀十多年的天主教學校，而那盞紅燈就彷彿高懸在我頭上的警示燈，照在了宗教提供的每一個「答案」上。

我真正認識的第一個死者，是我朋友哈莉特。我們十二歲時，她跳進氾濫的小溪拯救她的狗貝兒，結果就這麼溺死了。我幾乎不記得那場喪禮，不記得任何人的悼詞，也不記得有哪些老師前來追悼她、有哪些老師哭了。我不記得哈莉特那隻黑色的拉布拉多犬坐在哪裡，甚至不記得牠是去參加喪禮還是待在家中。

我只記得自己坐在教堂長椅上，盯著那口上了蓋的白棺材，滿心想知道棺材裡裝的是什麼。只要是魔術師都明白，將一口緊閉的大箱子放在一群人中間，絕對能營造出懸疑氛圍。我從頭到尾都盯著棺材猛瞧，我朋友就在那裡，離自己僅僅數英尺距離，卻藏在看不見的地方。我實在無法理解這個概念——她就在那裡，卻又不在那裡，而且沒有任何有形證據證明這一點。我滿心不耐煩，只想看看她。除了想念朋友之外，我似乎還少了什麼東西，感覺別人有什麼事情瞞著我。我恨不得親眼看見她，恨不得理解這一切，而這份欲望成了我為朋友哀悼的障礙。她看起來還像我認識的那個哈莉特嗎，還是她的樣子變了？她聞起來像那些腐爛的喜鵲嗎？

我不畏懼死亡，反而對此好奇不已。我想知道貓咪被我們埋在土裡之後怎麼了；我想知道鳥兒為什麼發臭，為什麼從樹上掉下來。我有好幾本介紹人類、動物、恐龍骨骼的書，有時我會戳著自己的肌膚，試圖想像皮下的骨架。在家裡，爸媽笨拙卻又誠實地回答我的問題，他們在我描繪死亡時誇讚我，當我面對一具又一具令人心碎的貓屍時，我也認清了現實：死亡是無可避免的終結，它有時血腥，有時卻不見血跡。

然而在學校，師長總要我別過頭、別去看鳥屍、圖畫、我死去的朋友。在課堂上、教堂裡，他們給了我不同的死亡畫面，口口聲聲告訴我：死亡不過是短暫的狀態。對我而言，開膛手受害人的照片比這些教誨真實得多，沒有人說過她們會起死回生，而學校卻說耶穌曾經死而復生，而且未來還會再次復甦。他們給了我一套現成的觀念，試圖取代我憑自身經驗逐步拼湊的觀念。他們迴避問題，對我心目中簡單明瞭的事實做出奇怪的反應，以此告訴我：死亡是禁忌，我應該懼怕它才對。

死亡無所不在，新聞、小說、電玩遊戲都能找到它的蹤影。它存在於超級英雄漫畫，作者能每月隨心所欲地逆轉它；存在於網路上隨處可見的真實犯罪

Podcast、一則則真實故事的小細節，以及童謠、博物館、美麗女性被謀殺的電影中。然而，我們看見的總是修改過的影像，慘死記者的首級被打上馬賽克，古老歌謠的血腥歌詞為年輕世代洗白了。我們也許會聽聞各種駭人消息——住戶在公寓裡被活活燒死、飛機消失在汪洋大海之中、男子駕駛卡車衝撞行人，不過這一切都過於難懂，現實與想像交融之後成了背景雜訊，死亡無所不在，卻又和我們之間隔著一層面紗，抑或只存在於虛構故事。我們彷彿身處電玩世界，一轉身，地上的屍體便消失無蹤。

問題是，屍體總不可能憑空消失吧？我坐在那間教堂裡，盯著朋友的白棺材，心裡很清楚：有人將她從溪水中拉上岸，有人替她擦乾了身體，有人將她搬到了這裡。在我們無法照顧她之時，有某些人做到了。

全球平均每小時有六千三百二十四人死亡——每天十五萬一千七百七十六人，每年五千五百四十萬人。換言之，每半年過去，就有超過全澳洲人口的人類從地球上消失。若在西方世界，大部分的人死去後，會有人致電他們的親屬，有人推著輪床來收屍，將遺體運送到太平間。有些人死後會躺在原處靜靜腐爛分解，直到鄰居忍無可忍為止，並在彈簧床上留下人形輪廓，必要時會有另一個人被請去清潔現場。

當死者沒有親屬時，會有人被請去將公寓中構成獨居生活的所有物品清空，鞋子、門前踏墊上的雜誌刊物、到頭來還是無人翻開閱讀的書堆、冰箱裡保存得比主人還久的食物，有些拿去拍賣，有些送到垃圾場。到了殯儀館，也許會有遺體防腐師盡量讓死者顯得不像是屍體，而像是沉沉睡去的生者。這些人負責代為處理我們不忍直視的事物……至少，我們是如此認為。死亡在我們看來簡直像天塌下來了，對他們而言不過是例行公事罷了。

我們絕大多數都和完成這些必要工作的普通人毫無瓜葛，他們被我們推到了遠處，和死亡本身同樣隱諱又神祕。我們可能會聽到命案相關的消息，卻不曾看到刷洗地毯血跡與牆上飛濺血痕的人。我們開車時或許會經過連環車禍，卻從不會看到有人在高速公路旁的排水溝裡尋找噴飛的斷肢。我們在推特上悼念逝去的英雄時，不會想到在他們上吊後，將他們從門把上解下來的人。這群人沒沒無聞、無人頌揚、無人知曉。

我對死亡與相關工作者的興趣，多年下來成了籠罩生活的一張網，我只能自行想像的真相，這些人天天都會接觸到。當我們看不見怪物形影，只能隱隱聽見空調出風口傳出的腳步聲時，心中的恐懼必定會倍增，然而在面對死亡時，除了悄悄逼近的腳步聲之外我們什麼都不准看見，無法憑藉真實事物建立基本觀念。我想認識人類死亡最尋常的面貌——不是照片，不是電影，不是鳥類，也不是貓咪。

即使你不是我這種人，大概也認識和我相似的人。這位朋友也許會拉著你穿行爬滿常春藤的老墓園，告訴你這座墳裡的女人不慎站得離火太近，結果裙子著火，整個人活活燒死了。這位朋友或許會拉著你到醫學博物館探險，尋找死去已久的人類殘塊，注視著玻璃罐中一顆顆同樣盯著你們的眼珠子。你可能好奇地想過，對方為什麼受這些事物吸引呢？反過來，你朋友則會好奇地問你為什麼不受死亡吸引。我認為對死亡感興趣的不只有思想病態的人，死亡可是具有無可比擬的精神引力，牽引著我們每個人的心。在文化人類學者貝克爾（Ernest Becker）看來，死亡不僅是世界的終結，還是世界的推進器。

在尋求解答時，世人往往會在教堂、諮商室、山上或海上找到答案，但我不一樣。我是記者，平時工作就是對別人提問，這時我就會相信——抑或是希望——能從其他人身上找到答案。我制定了計畫，準備找到天天在死亡身邊工作的這群人，請他們介紹他們的工作與工作方式。除了探索相關產業的運作機制以外，我還想探討我們和死亡的關係如何顯現在他們的工作流程之中，以及這份關係為死亡相關工作所奠定的基礎。西方死亡產業的一大前提是：我們生者不能在場，或者說不需要在場。不過，假如我們將這份重擔外包給別人是因為自己承受不了，那他們又是怎麼承擔下來的？他們也是人，我們和他們不應區分你我，大家都同為人類。

我想知道的是，當我們以這種模式將死亡工作外包給別人，是否就剝奪了自己應獲取的基本認知？我們生活在人為的否定狀態，存在於天真與無知的邊界地帶，是否培育出了不符合現實的恐懼？假若明確了解死亡、看清了死亡，是否就能消除對死亡的恐懼呢？我想看到剝除了浪漫幻想、詩情畫意與矯揉粉飾的死亡，這是所有人終將面臨的一件事，我想看到它最為赤裸、最為平凡的真面目。我不想看到任何委婉的文飾，不想聽滿懷善意的人叫我邊喝茶吃蛋糕邊談論悲傷。我只想尋得一切的根源，從中培養出屬於自己的理念。

「你怎能肯定自己畏懼的就是死亡呢？」散文家唐・德里羅在《白噪音》一書中寫道：「死亡是如此模糊不清，沒有人知道它是什麼，沒有人知道它是什麼感覺、長什麼模樣。你可能只是心裡有個個人問題，這個問題以宏大而普遍的議題形式浮上水面罷了。」我想將死亡縮小為我能捧在手心、能處理與承擔的大小，將它縮小到人類的大小。

然而我越是和人談論此事，別人對我提出的質疑就越多：你來到了不必來的地方，是想要找到什麼？為什麼要用這種方式燃燒自己的生命與心靈？

從前的我一直活在安逸幻象之中，以為記者無論如何都能客觀地觀察世界，成為事件與他人之間的中介，在報導的同時不受任何影響。我以為自己刀槍不入，結果我錯了。我從前的缺失感確實存在，我也深深意識到了它，卻萬萬沒料到這份傷害的影響之深。原來我們對死亡的態度，對日常生活造成了如此深切的影響。在這種態度下，面對破碎瓦解的事物，我們不僅無法理解，甚至無法好好哀悼。我終於目睹了死亡的真面目，在看清現實時受到了幾乎無法用言語描述的深刻改變。除此之外，我還在黑暗中找到了另一樣東西。潛水手錶在漆黑海中發光，孩子臥房天花板的星星貼紙在夜裡散發螢光——關了燈，我們才能看見黑暗中的光芒。

CHAPTER 1

# 有限生命的邊緣

# **禮儀師**

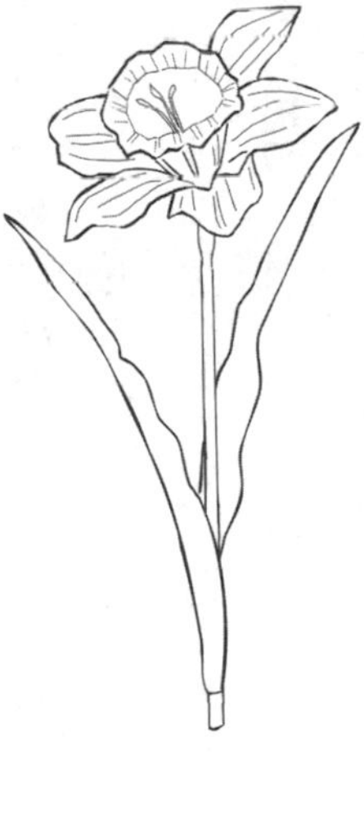

「你看到的第一具屍體，不該是你深愛的人。」她說道。

我們約五十人齊聚在倫敦大學學院一間大教室裡，這天是一位哲學家的兩百七十年冥誕，我們為逝去已久的他「守靈」。他的斷頭裝在鐘形玻璃瓶裡，數十年來首次展出，就擺在百威啤酒旁。同一條走廊上另一間房裡，他的骨架照常坐在玻璃箱中，照常穿著他的衣服，戴著手套的手骨搭著手杖，蠟製頭像取代了真實的頭顱——那是在屍體保存計畫出錯以前發生的事了。從旁經過的學生少有人多看他一眼，他彷彿是一件再尋常不過的家具。

除了每年取出來檢查腐朽程度外，「傑瑞米．邊沁」真正的頭顱都鎖在櫥櫃裡，誰都沒機會看他一眼。負責替邊沁執行遺囑、解剖身體的史密斯醫師試圖保存頭顱，希望能使邊沁的頭部顯得栩栩如生。他將頭顱置於硫酸上方，用氣泵抽乾其中液體，沒想到處理後的頭顱變成了紫色，那之後就再也沒變回原樣了。史密斯無奈地放棄保存頭顱，請蠟雕藝術家做了顆假人頭，同時將真正的人頭藏了起來。

然而，在今晚守靈活動的三年前，我為了寫一篇文章前來拜訪負責照顧邊沁的學者，這位害羞的學者將頭顱拿出來讓我看了幾眼。我們一同端詳他柔軟的金色眉毛與藍色玻璃眼珠，整個房間都因他乾燥的皮膚而充斥著牛肉乾氣味。學者告訴我，邊沁在世時總是將未來要用的玻璃眼珠放在口袋裡，在派對上取出來博君一笑。而在他死後一百八十六年的今天，它們就這麼嵌在他皮革狀的眼洞裡，看著滿室人們議論社會對於死亡的愚陋態度。

邊沁是個言行古怪的哲學家，換作在今天，他提出的一些想法也許會導致他被捕入獄，或至少被逐出大學，不過他許多方面都走在時代尖端。除了支持動物與女性的權利之外，他還在法律禁止同性戀愛的年代提倡同志權利，也是最早將遺體捐贈給科研機構的幾人之一。他希望朋友能在他死後公開解剖他的身軀，而今天在場所有人若生在當年，想必都會前去觀看解剖過程。我們聽了巴斯大學「死亡與社會研究中心」主任約翰・特瓦耶博士的演講，他從小在殯儀館長大，他的家庭不將死亡視為禁忌，和我一樣家中隨處可見死亡的蹤影。

接著，一位溫柔的安寧照護醫師鼓勵我們在還活著時談論自己的死亡，和邊沁一樣在死前將自己所有（瘋狂）的遺願記錄下來。最後，三十中旬的禮儀師波比・瑪達爾起身告訴我，我們看到的第一具屍體，不該是我們深愛的人。她表示，她希望能讓學童到她的殯儀館校外教學，別等到迫不得已才面對死亡。你必須學會區隔看見死亡的衝擊，以及喪親喪友的衝擊。說完後，她謝謝我們聽講，坐了下來，桌上啤酒瓶隨著這波動靜叮咚作響。

在考慮死亡這件事時，我從沒考慮過刻意區分各種衝擊與保護心靈的可能性。我若在童年和她相遇，她將我想看見的事物展現給我看了，現在的我會是什麼樣的人呢？我向來對屍體的樣貌十分好奇，卻以為自己只會看見親友或熟人的屍體，畢竟無名屍並不常見。我連朋友的屍體都沒能看到，後續多年出現在我生命中的屍體無論是同學（癌症、自殺）或四位內外祖父母（自然死亡），我也一具都沒看見。失去愛人的心理衝擊與死亡的物理現實糾結成一團，令我困惑又迷茫、痛苦又不安，而我一次都沒想過，自己原來有機會避免這種情形。

邊沁守靈活動過後數周，有天我來到了蘭貝斯公墓入口旁一幢老舊的磚砌門房，這裡是波比的殯儀館。我坐在明亮房間裡一張藤椅上，前方桌上擺了裝滿繽紛復活節彩蛋的小碗，維多利亞風大窗上貼了罌粟花貼紙。窗外白雪紛飛，落在了耶穌石像的涼鞋上。相較於圍繞倫敦的七座著名墓園——十九世紀因應都市成長、市中心教堂墓園擁塞狀況而建的大規模花園型墓園，肯薩綠地、西諾伍德、海格特、阿布尼公園、布羅姆頓、南海德及哈姆雷特塔——蘭貝斯公墓看上去樸素得多，沒有死者用豪華陵園、大氣的廊道或大小勘比房屋的炫富墓。

蘭貝斯公墓小巧而講求實際，絲毫不奢華，就和波比這個人一樣。波比十分平易近人，很有當諮商師或好母親的潛質。在聽過她的演講後，我對波比印象深刻，想聽她分享更多見解。對她而言，禮儀師不只是工作，還是她所扮演的重要角色。另外，我從沒親眼見過屍體，所以也希望她讓我看看真正的屍體。這可不是一般人能幫上的忙呢。

「我們不會為了看看裡面的人而打開冰櫃。」她直截了當地說道。「我希望這種幕後花絮類型的事能做得嚴謹一些，這裡畢竟不是博物館。不過呢，如果你有兩三個小時空閒時間，那歡迎回來幫他們為葬禮做準備，這樣一來你就不只是看到一堆死人，而是有了和遺體互動的體驗。」我愕然眨眼。雖然問是問出口了，我還是沒想到她會同意，遑論邀我參與某人的葬禮預備工作。我當然是因為她說要分享這份經驗才來的，但即使如此，當你面對一扇長年緊閉的門，還是難以想像門扉開啟。「我是真的很歡迎你。」見我驚訝不語，她堅定地補充道。

英國與美國制度不同，美國的禮儀師需要證照才能接觸與處理死者，英國卻不需要這種證照。在波比的殯儀館，沒有一個員工出身殯葬業：波比曾在蘇富比拍賣行工作，但是越做越覺得自己的工作生活毫無意義。阿隆負責管理太平間，工作地點離我們所在的位置不遠，就在墓園對面，不過他是從灰狗賽跑場跳槽過來的。運屍車駕駛史都華的正職是消防員，他說在這裡兼職感覺就像回火場幫助自己沒能拯救的人一樣。波比告訴我，我可以暫時扮演菜鳥員工的角色，來接受和他們相同的訓練。

「在成為禮儀師之前，你有看過屍體嗎？」我問道。

「沒有。」她說：「很不可思議吧？」

從工作繁忙的藝術品拍賣行到殯儀館，這究竟是什麼樣的轉折呢？我實在無法揣摩她決定轉行時的心境。「我認識的人當中，有些人是基於非常明確的理由選擇做這種工作。」她笑著說道：「但我就不是了。」聽她的說法，雖然那是條蜿蜒崎嶇的路，可是她有十分清晰的動機，只不過當時連她自己也看不見罷了。

波比先後在佳士得與蘇富比兩間拍賣行工作，最初踏入拍賣行的世界是因為她熱愛藝術，而後來遲遲沒離開，是因為她喜愛那份趣味——刺激、社交，以及不知自己將去往世界哪一個角落的新鮮感。「德州郊區有個人打電話過來，聲稱自己手邊有可能是名雕刻家芭芭拉・赫普沃斯作品的物件，於是我隔天就跳上飛機飛過去。」她舉了個對她而言稀鬆平常的例子。「我那時候二十五歲，滿腔責任心，也很享受那種無窮無盡的樂趣。可是沒過多久，我就覺得生命中缺乏意義。」她父母一個是社工、一個是教師，從小教導她幫助他人，而她在蘇富比的工作雖然刺激新奇，卻沒能滿足這份需求。「從精神滿足的角度來說，我無法靠賣畫過活。」她說道。

於是波比開始抽空到撒瑪利亞會當志工。撒瑪利亞會是慈善組織，專門為迷惘或有自殺念頭的人提供情緒支持，波比也幫忙接了不少電話。然而，隨著正職的業務量增加，她越來越常出差在外，只能頻頻更動志工班表，或根本無法支援慈善行動。「我那時候真的很難過。在那兩年期間，我實在找不到任何答案，基本上就是遭遇了青年危機。」波比知道自己想到生命最前線——不論是出生、愛情、或死亡都無所謂——和那裡的普通人互動，完成一些真正有意義的工作，卻一直想不到該怎麼做才能滿足這份願望，也不知該選擇哪一條路。後來，是生命替她做了選擇。

我們愛的每一個人都終有一天會死，然而在遭遇不幸之前，我們往往不會意識到此事。波比自己就沒充分想過這件事，直到她父母都在短期內診斷出癌症，她才幡然醒悟。「我們家對一切的態度都非常開放。」她說道：「我才五歲時，我媽就用香蕉示範保險套的用法了，當時我還聽不懂，不過她就是這麼愛破除禁忌。話雖這麼說，我們其實不怎麼會提到死亡，從來沒真正討論過這件事，就算討論了，我也是有聽沒有懂。我爸生病時我二十七歲，那是我第一次真正意識到他有一天會死。」

波比面臨工作上的苦惱，同時也赫然意識到了死亡的存在。她和父母終於坦然談論了長年未提起的議題，等到她確認雙親都無性命之憂時，波比存了筆錢、離開藝術界，到迦納度假散心去了。沒想到她在迦納得了傷寒，險些喪命。

「天啊。」我說道。

「是不是！總之，我病了八個月，那段時間都沒做什麼事，反而有了思考的時間。假如我沒有得傷寒，肯定會選一份安穩許多的工作，而這個——」她揮手示意我們所在的殯儀館，「絕對是清單上最狂的一份工作。」

波比之所以將「禮儀師」列在清單上，不只因為這和她感興趣的生命事件相關，也是因為她母親先前清楚列出了對自己喪禮的要求。父母罹癌時，波比便著手研究種種喪葬選項，認知到了殯葬業的墨守成規，也發現喪禮實在少有個人化的空間。晶亮的黑禮車與禮帽、死板的送葬隊伍，這些都不適合她的家庭。她萌生了致力改變死亡產業的念頭，但就連她自己也不清楚這句話的意思。後來波比病情好轉、稍微恢復精神並可以出門走動時，她開始觀摩禮儀師的工作，這才明白自己原先缺失的是什麼。

波比踏進太平間，首次看見了平凡無奇、毫不恐怖的死亡，忽然發現自己氣得火冒三丈。她怎麼會在連死亡長什麼模樣都不知道的情況下，被迫面對家人與自己的死亡呢？

「如果我在那之前的生活中有過死者的存在，一定會對我非常有幫助。」她說道。生了兩個小孩的波比以懷孕做比喻，形容自己對死亡的恐懼。「假設我懷孕九個月了，隨時可能會分娩，卻從來沒看過一歲以下的小孩，那我一定會怕得要命。我可是要生下自己從沒看過也無法想像的東西，這還不夠可怕嗎？」

我問起了我們想像得到的屍體——有些屍體不只是毫無血色、閉目永眠，而是我們想像中腐爛、浮腫的樣子。這樣的屍體確實存在，那該不該設下限制，不讓家屬看見那樣的屍體呢？「很多人會出於關心與擔憂，建議別人別去看家屬遺體，但我覺得擅自判定別人能與不能接受的事物，是對他們的一種輕視，而且這種想法往往帶有濃厚的父權主義色彩。」她說道：「不是每個人都需要看屍體，不過對一些人來說，這是一種原始的需求。」

數年前，一個男人前來請教波比一個問題。他的兄弟溺死後在水裡泡了很久，他之前找過的每一間殯儀館都告訴他，他們沒辦法讓他瞻仰兄弟的儀容。「他問我們的第一個問題是：『我如果想看我的兄弟，你們會阻止我嗎？』這是他對我們的測試，實際上意思是：『你們到底是不是站在我這邊？』我們的工作不是准許或禁止別人做任何事情，也不是強迫人們經歷一件會深深改變他們的事。我們的責任是幫他們做好心理建設，用溫和的方式提供他們所需的資訊，讓他們掌握所有資訊後自己做決定。我們不認識這些人，當然也不知道對他們來說什麼才是最好的選擇。」那個男人後來得以見兄弟最後一面了。

波比告訴我，等我再訪時，就能進美麗的太平間受訓了。太平間之所以美麗，是因為它必須美麗，她將死者存放在賞心悅目的所在，就是為了讓生者進來看他們。「很多人來到我們的太平間都會說：『這個空間真好，我一進來就覺得心靈受到了啟發。為什麼要把太平間設在這種地方？』我覺得，這就是重點。」

我果然又回去了。再次來訪時，地上積雪已然消融。

＊＊＊

我沒想過太平間會是這種氣味。在我的想像中，太平間應該是無窗的房間，地板是和鞋子摩擦發出嘎吱響聲的油地氈，空氣中則充斥著漂白水味與腐臭味。原以為房裡唯一照明會是嗡嗡作響、明暗不定的螢光燈管，沒想到整個空間沐浴在春季暖陽下，無論是鋼鐵或木頭都在陽光下閃爍發亮。我穿著免洗塑膠圍裙站在門邊，戴著丁腈手套的雙手不停冒汗。羅珊娜與阿隆穿著同一款綠色羊毛衫，也分別穿了一件窸窣作響的塑膠圍裙，兩人忙著在房裡做準備。羅珊娜從角落推出一架輪床，阿隆在黑色紀錄本中用工整的字跡寫筆記。一袋摺疊整齊的衣服放在水槽邊，等著被最後一次穿上。我彆扭地靠著擺滿閃亮木棺材的架子，盡量不礙到他們工作。

今天太平間總共有十三具屍體，冰櫃沉重的一扇扇門上都黏了小白板，上面是不同工作人員的字跡，記錄了死者的名字。上方橫梁懸著柔光掛燈，不過外頭陽光明媚，他們想必只是習慣性開燈而已。房裡可見的材質不是金屬就是木材。水槽邊櫥櫃的門開著，裡頭除了幾個竹製頭枕之外，還有一瓶香奈兒No. 5香水。一口口新棺材直立排好，在陽光下反光，棺材邊角都包了防撞的包裝膜。兩口藤棺被用作了書擋，較高的架上還有嬰兒用的摩西籃——藍格紋小籃子靜靜等在那裡，像是野餐籃，卻又不是。

這地方從前並不是太平間，而是一間墓葬教堂。小教堂過去破損失修三十年，雖無人使用，它仍然矗立在倫敦南部這片小墓園中央。當波比成立獨立經營的殯儀館，開始尋覓放置死者的地點時，她救下了這棟荒廢已久的建築物。很久以前，死者會在葬禮前在這棟建築裡過一夜，波比不過是恢復了此處原始的功能。

波比今天不在我身邊，而是請兩位可靠的員工招呼我，儘管她不在場，我環顧四周卻仍然感覺到她的存在。我瞥見房間一角的水槽與工作臺，他們不需要多餘的器材便能完成準備遺體的工作了。我記得上回窗外白雪紛飛時，波比對我說過，他們這間殯儀館不提供防腐服務。

「我們想為大眾提供有用的服務。在我們殯儀館剛成立的時候，我想了又想，覺得遺體防腐並不是為了死者家屬。」她說道。「我覺得人們對遺體做防腐處理，是為了方便禮儀師工作。」她對我解釋道，並不是大街上每一家殯儀館都有占據一整面牆的冰櫃，也不是每個人都有這麼多空間，所以一些禮儀師會將遺體存放在中央倉庫，視情況搬運至不同地點。如果家屬想瞻仰遺容，那遺體很可能得搬運到外面，整個過程中也許會離開冰櫃環境好幾個鐘頭，有時是十小時，有時甚至長達二十四小時。防腐處理能防止屍體腐爛，經處理的屍體可在室溫保存較久，給禮儀師較充裕的搬運時間。在波比的殯儀館，若家屬特地提出防腐的要求，波比還是會協助他們聯絡防腐師，在別處完成防腐處理。在經營殯儀館六年後，波比仍不認為遺體防腐有提倡者說得那般重要，不過她還是保持開放的態度，很樂意傾聽他人的見解。

對冰櫃裡的死者而言，該完成的都已經完成了。所有治療都已經結束，驗屍切口已被縫合，所有證據都被蒐集與秤重了。到了這裡，他們不再是病患、被害人或與自己身體相抗的戰士，而是變回了尋常人。到了這裡，他們的一切都已然結束，只等待最後的梳洗穿衣，以及最後的埋葬或火葬了。

我記得著名編劇大衛．林區在一次訪談中提過，自己仍是費城一名年輕的藝術學生時，曾經造訪太平間。他在餐館結識了太平間的夜間警衛，請警衛帶他去開開眼界。林區坐在太平間地板上，房門在他身後關上，這時他深切意識到，身邊每一具遺體都有過許多故事。他們是誰呢？生前做過什麼事？他們怎麼會來到這裡？我就和林區一樣，感受到大大小小、排山倒海的故事沖刷著我的心。這麼多人，每個都是許多生活經歷集結而成的圖書館，每個最後都來到了此處。

冰櫃門「咚」一聲開了，一具遺體連帶著托盤被拉出來。液壓泵發出響亮的金屬嘶嘶聲，將輪床抬到腰部高度，大托盤剛剛好扣到了輪床上。冰櫃的運轉聲變得比剛才大聲了些，機器因應上升的溫度加速運轉。從我的位置望去，只看得見靠在白枕頭上的光頭。他名叫亞當。

「我們得把他的T恤脫下來，家屬想留作紀念。」阿隆說道：「你可以幫忙拉住他的手嗎？」

我踏上前，握住男人冰冷的雙手，將瘦長雙臂舉到他身體上方，讓阿隆一吋一吋將T恤拉過他骨瘦如柴的肩膀。我拉著他雙手，目光鎖在他臉上，直視那雙凹陷、半開的眼睛。他的眼珠就如殼裡的牡蠣，緊貼著眼角。阿隆後來告訴我，他們都盡量在亡者剛到時幫他們闔眼，否則放得越久，眼皮就越乾，太乾就很難移動或調整了。亞當的眼珠並不像圓潤彈珠，而是有種洩氣的感覺，彷彿原本充斥其中的生命力洩漏出來了。當你直視死者的雙眼，可能連熟悉的形狀也看不到，只看見了虛無。

在冰櫃時，亞當手裡握著一朵黃水仙與一張裱框的全家福。他是在家中、在自己的床上死去，殯儀館的人去搬運屍體時他已經擺成這個樣子了，不過剛才我不注意時，阿隆已經將花朵與照片從他胸前移開，放到了一旁，這樣才方便作業。事後我才想到，那張照片是我看到這男人生前模樣的唯一一次機會，我卻過於專注地看著當下的亞當，結果錯過機會。我很希望自己當時至少能看照片一眼，但也不怪自己沒去看，這畢竟是我見過的第一個死人，我還握著他雙手呢。

我不是想看死亡的真面目嗎？亞當看起來就是個死人，身體未經防腐，是樣態自然的死人。他在太平間冰櫃裡待了兩周半，這點從身體狀態也看得出來，不過他從死亡到冷藏之間沒過多少時間，這在腐爛分解方面已經是最佳情境了。他的嘴和眼睛同樣半開著。我看不出他生前眼睛是什麼顏色，也不知他現在的顏色是否與一個月前的模樣有任何關係。他雙眼帶有黃疸的病態黃色，但這並不是他身上最鮮明的色彩——T恤被拉過頭部後，他的身軀映入眼簾，只見每一條凸出的肋骨都帶有更加鮮豔的黃，和胃部的萊姆綠色、骨頭之間的墨綠色成鮮明對比。

最先顯現出腐敗跡象的位置往往是腹部，因為人的消化道充滿了細菌，但我到現在才發現，在情緒上如此黑暗的死亡，視覺上竟能如此鮮豔繽紛，微生物占領人類身軀時的色彩鮮明到近乎螢光。他的背部呈紫色：心臟停止跳動、不再將血液送往身體各處時，血液會在原處凝固，顏色也會加深。他的皮膚一些位置有皺褶，這是之前存放遺體的姿勢所致；活人若處於不舒適的姿勢就會調整身體，而在無生命、無動態的情況下，皮膚不再具有彈性，皺褶與凹痕也就不會消去了。他雙腿靠近軀幹的位置呈黃白色，膝蓋後方則色調偏紫。他年紀不大，可能才四十多歲吧。他的家人想把T恤拿回去。T恤是藍色的。

我不知道他是生前就瘦得皮包骨，還是死後胸腹像臉部那樣變得枯槁了。從他纖細雙腿的肌肉看來，他生前應該有運動習慣，可能會慢跑吧。我們的工作就只是幫死者穿上衣服而已，不必知道他們的死因，也很少有機會得知死因，不過從他手臂上的吩坦尼止痛貼片及皮膚上的黏膠痕跡看來，他也許死前病了好一段時間。

羅珊娜輕輕擦拭貼過貼片的位置，試著擦除黏膠。「我們會在不弄傷他們的前提下，盡量移除這些東西。」她說道：「如果我們動手撕ＯＫ繃，發現會連皮膚一起撕下來，那就不會再動它了。」她告訴我，他們會盡量移除所有醫院與治療的痕跡，畢竟無論是誰都不需要穿著加壓襪、插著點滴針頭入殮。

我們將水槽邊的購物袋拿來，內容物全倒在工作臺上。球鞋、套在一起的襪子、襠部破洞的灰色四角內褲。他所有的衣物都是使用已久的休閒服，由家屬從他的衣櫃裡挑出來的，只有球鞋看起來很新，他生前頂多只穿過一周而已。我戴著手套翻看那雙鞋，心中不禁好奇：這雙鞋是什麼時候買的？他當時是否感覺身體不錯，在世上還有不少時間，可以買雙新鞋？不是有一句笑話說「老人不買沒熟的香蕉」嗎？

阿隆除下亞當的內褲，過程中一直小心翼翼地用一塊布遮住他胯下，保持對死者的尊重。「在脫下內褲以後，我們會檢查他乾不乾淨，不乾淨的話就清潔一下。」我們將他翻到側躺姿勢，阿隆檢查過後，再將他翻回原位。羅珊娜拉著新內褲的一角，我拉著另一角，兩人合力一吋、一吋順著發黃的雙腿將內褲往上穿。他的皮膚十分冰冷，但我才剛把這句話說出口，就頓時覺得自己很蠢。

「過一陣子就會習慣他們的溫度了。」阿隆安慰道：「但在習慣接觸冰冷的遺體以後，如果到剛去世的人家裡搬運遺體，碰到還有點暖意的身體，那種感覺……真的很怪。」他對我投了個眼神，彷彿想傳達觸碰溫暖人體時的詭異感覺。他平時想必都以體溫冷暖在腦中區別生者與死者，在接觸仍帶有生命溫度的屍體時，自然會感到不自在了。太平間冰櫃隨時維持攝氏四度，冰櫃裡的遺體都觸手冰涼。

我們再次將亞當翻到側面，把四角褲的一邊往上拉，接著翻到另一邊繼續拉。幫死者穿衣服算是直截了當的任務，你其實就是在幫一個不配合的人穿上衣物而已。「他們沒有為葬禮幫他買新衣服或正裝，我滿喜歡這一點的。」我說道：「這一套應該是他最愛穿的衣服。」羅珊娜說道。光是檢視購物袋裡寥寥無幾的衣物細節，似乎就能一點一點拼湊出這個人的性格了。

阿隆請我用雙手捧起亞當的頭，讓他幫亞當套上乾淨T恤。「你把手伸進褲管，握住他的腳。」阿隆接著指示道。我握住亞當的腳趾，淺藍色牛仔布料在我手腕附近形成了皺褶。就在我們搬動他，左右轉動他的身體、將牛仔褲往上拉之時，亞當肺裡的空氣伴隨嘆息聲呼出，我嗅到冰冰涼涼、感覺放得稍久的生雞肉味。

這是我今天第一次聞到死亡的氣味，我立刻認出了這種味道。小說家丹尼斯．強森（Denis Johnson）曾在短篇作品〈墳上的勝利〉中描述過這種氣味：肉體腐敗過程中最早釋放的化合物是「乙硫醇」（ethyl mercaptan），我們使用的瓦斯就經常添加這種化合物，讓我們憑嗅覺偵測瓦斯漏氣現象。添加乙硫醇的慣例始於一九三〇年代，當時加州一些工人注意到，當瓦斯管漏氣時，禿鷹群往往會繞著漏氣所致的上升氣流盤旋。禿鷹不是受腐肉的氣味吸引嗎，怎麼會聚集在瓦斯漏氣處呢？他們對瓦斯做了一些測試，試圖找出吸引禿鷹的物質，後來在瓦斯中發現了微量乙硫醇。瓦斯公司決定放大這種氣味，除了本就存在的微量乙硫醇雜質外，他們還故意添加了更多的乙硫醇，讓人類也聞到它的氣味。

不愧是丹尼斯・強森，他的故事雖顯得黑暗，乍看下沉溺於虛無主義，卻還是因這些小小的細節、小小的事實而畫下意外地充滿希望的句點。他在死亡的氣味之中找到了生命，在一般被描述為絕望預兆的鳥類身上找到了希望，而我們對於死亡與腐敗的根本恐懼，竟然能搖身變成救命的工具。

我幫亞當繫上皮帶，帶釦扣在了不久前才剛撐開的小洞上。我們將棺材抬到另一架輪床上，輪床推到他身旁，然後各就各位準備搬動他。我們三人都抓住他身下的防水印花棉布（如果使用未密封的藤編棺材，就必須依法墊一塊防水布），將亞當搬進棺材。他靠著枕頭的頭部困惑地歪了一邊，棺材尺寸剛好夠長。亞當只會在棺材裡躺一晚，明天就會送去火化，這個完整的人將不復存在。

阿隆將全家福與黃水仙放回亞當胸膛，失去了活力的黃花垂在乾淨的白T恤布料上，我們稍微調整他的手，讓修長的手指輕輕蓋住花莖。完成更衣與入殮工作後，我們將他連棺材一起推回冰櫃裡，這次是放入足以容納棺材高度的一層。亞當身邊的黑暗中，還有其他人躺在枕頭上，臉邊擺著玫瑰念珠、鮮花與相框，還有人身邊放了一頂針織彩條紋毛線帽。我們每個人都只有一次結局、一次儀式，而我就是亞當故事結局的一部分。阿隆在冰櫃門上寫上亞當的名字，我則默默站在一旁，一時哽咽無語。今日來此，對我而言是無上的殊榮。

* * *

藝術家與愛滋社運人士大衛・沃納羅維茨（David Wojnarowicz）在回憶錄《接近刀鋒的人生》中寫道，他眼睜睜看著越來越多朋友死於愛滋病，卻遲遲不見政府採取防止疫情惡化的行動，因此更加清晰地意識到了自己的生命。他表示自己看見了有限生命的邊緣：「死亡與臨終的邊緣就如溫暖光環，環繞著一切，光芒時而黯淡、時而明亮。我看見窺見了死亡的自己。」他感覺自己彷彿在慢跑，跑著跑著突然獨自來到沐浴陽光的樹林，朋友們的身影與聲音都被遠遠拋在了後頭。

從太平間搭地鐵回家的路上，我深切注意到自己的呼吸，也意識到現在冰櫃裡躺了許多再也無法呼吸的人。我注意到了生命的機轉：這具血肉組成的機器不知為何能夠活動，但它有一天也將靜止下來。我環顧車廂裡其他乘客，放眼望去盡是死亡。他們死時穿的衣服，現在是不是已經穿在身上，或放在家中衣櫃了？在他們死後，照料他們的會是誰呢？有多少人和現在的我一樣，能聽見生命時鐘響亮的滴答聲？

我去了趟健身房，這次卻感覺和以往不太一樣，平時來健身都是為了讓心靜下來，今天腦中浮現的想法卻震耳欲聾。在和死者相處過後，生者的各種聲響顯得更加嘈雜，上飛輪課時我滿耳盡是旁人喘息、使力與吶喊的聲音。這是生存的聲音，是「活著」這不可思議、曇花一現的生命狀態。一切都比平時更加鮮明，每一種感官都更加敏銳，我感受到聲帶的震動、心臟的鼓動、肺臟的擴張，所有感受都是如此地單調，卻又充滿了活力。我感受到陌生人身上散發的溫熱，蒸騰的熱意都讓窗戶起霧了。我感覺到血液在自己的血管之中流竄。「飛輪課是死不了人的！」教練喊道：「把自己操到極限，直到動彈不得為止！」我心想：有一天，在場所有的身體都會停止活動，一切都會陷入沉寂，只剩下太平間冰櫃的嗡嗡低鳴。

我仰躺在濕熱的蒸氣間，房裡每一張長凳都不寬，只比亞當原本躺的那張托盤稍微大一些。我完全放鬆一條手臂，另一隻手握住它，想像別人從我的屍身上一吋吋剝下T恤，然而無論我多麼努力放鬆，還是無法讓手臂完全鬆弛，無法將完整的重量掛在另一隻手上。感覺還是不一樣。我身旁躺了個全身冒汗的女性活人，她和我聊著聊著，說到最近開始對雙腳打肉毒桿菌素，如此一來就能讓腳麻木一些，不會因整天穿高跟鞋站立而痠痛了。疼痛不是身體對我們的警訊嗎？無法言語的身體部位，不就是用這種方式向我們求救、要求我們注意自己的身體狀況嗎？我們怎麼會忘了這一點？我的身體可能受到傷害，不過我找到很好的解決方法——只要關掉通知就行了！我讓手臂落回身側。

今天，我初次接觸了未經任何矯飾或遮掩的死亡，所有通知都清清楚楚傳遞過來了。那一切感覺無比真實且意義深重，我若將通知靜音，想必便會錯漏關鍵訊息。我想起亞當手裡的褪色黃水仙——若誤食水仙花的球莖，可能造成神經系統麻木、心臟麻痺的效果。

CHAPTER 2

# 贈禮
# 大體老師服務總監

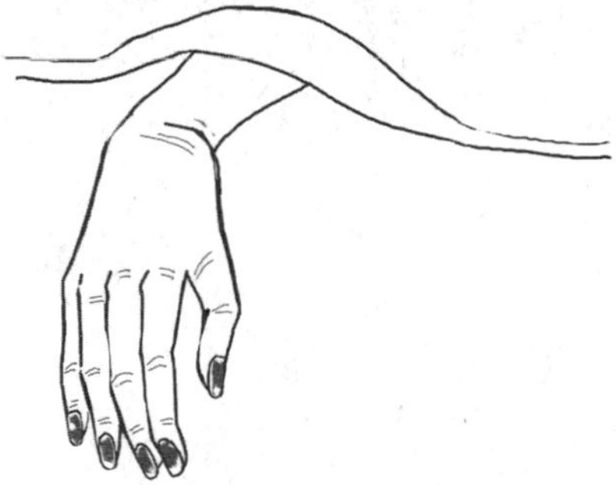

實驗室隔壁一間低溫房間裡，一具嬌小的身體躺在金屬桌上，不久前剛剃光的頭上蓋了條毛巾。「我只會剪一種髮型。」泰瑞．雷居尼爾說道。他自己的灰髮整理得十分整齊，往後梳成了類似貓王的造型，鬢角與八字鬍則同時令人聯想到卡車司機與成人片男演員。

「反正沒有人會研究她的頭髮，而且我最怕有人認出捐贈者。頭髮剃光就和以前的樣子差很多了，這樣比較不會被人認出來。」我聽見某處傳來的收音機聲，聲音在冰冷鋼鐵之間迴響。泰瑞一隻手伸到器材後面按下電源鍵，電光交響樂團的〈花言巧語的女人〉戛然而止。

在殯儀館幫死去的男人更衣後數周，我頻頻想到了死亡這莫大的浪費。一具花費多年時間成長、自我修復，以及認識病毒、疾病與免疫的軀體，最後卻只能被埋葬或焚燒殆盡。每個人當然都有權決定自己的身體最後要如何處理，不過當我瞥見冰櫃裡的他們靠在枕頭上、等著消失，心中還是萌生了一個念頭：除了這樣的結局以外，一定還有更實在的做法。生命的意義或價值當然不侷限於功利主義，但人體還是有它的實用性，而且即使在存在3D列印與虛擬模型的時代，我們仍然需要這份實用性。我想看看沒有直接入土或火化，而是捐贈給明尼蘇達州「妙佑醫療國際」等科研機構的人體，後續會經歷些什麼，得到什麼樣的「第二人生」。

此外，我也想知道是誰負責照顧這些死者，那些人面對死者形形色色的陌生面孔時，工作性質是否會發生變化。當你知曉死者的姓名，對待他們的方式、照顧他們的意義，是否會改變？大體老師身旁可沒有裝滿線索的購物袋，我們面前這位新來的女性身邊也沒有購物袋、沒有衣物。

她此時身上插了導管，連到一臺防腐機。一條黑橡膠管連在她大腿上緣被另一條毛巾蓋住的位置，將酒精、甘油（保濕劑）、苯酚（消毒劑）與福馬林（防腐劑）注入她的循環系統，總共會注入體重百分之三十的液體。一般情況下，人的遺體頂多只須保存數周，直到喪事結束為止，但用於科學研究的大體就不同了，他們必須保存約一年，所以一開始進行防腐處理時會多注入一些防腐液。剛處理完畢時，她的外觀會有些腫脹，然後在後續數月隨著身體逐漸脫水，浮腫也會逐漸消去。她頭部下方擺了個瓷碗，用來收集被防腐液置換出來的血液，血液呈接近黑色的暗紅，其中還有一些血塊。

我聞不到血液或這個女人的氣味——房裡飄著鋼鐵與福馬林氣味，化學藥劑的味道令人聯想到高中生物實驗室，以前打開裝著蟾蜍的玻璃罐時，飄出來的就是這個味道。她的臉部和軀幹都被遮蓋住了，但還是看得到手臂上的老人斑，以及斑點之間的雪白肌膚；她今早剛去世，所以皮膚還未變黃、變灰或變綠。她生前只移除了膽囊，身體還算完整，全身上下都還能使用。

我繞到桌子另一邊，稍微碰到了桌上的骨鋸，一隻手從遮蓋她身體的布料下露出來，只見她塗了亮橘色指甲油，無名指指甲則是閃亮的金色。泰瑞以前都會將指甲油擦掉，不過他後來聽到某個學生提起大體老師的指甲時，決定從此保留指甲的原樣了。那名學生表示，大體在她眼裡本只是死去的一塊肉，而看見大體塗了指甲油的手之後，她赫然意識到這是一個人，一個經歷了生命與死亡的人，一個贈予她這份禮物、幫助她學習的人。聽完學生這番話，泰瑞就再也沒碰過去光水了。「有些男人的孫子孫女會幫他們做指甲，我也不會去動他們的指甲。」

大體老師在經過防腐處理、還未決定之後會如何用於教育時，泰瑞會先將他們靜置兩三個月，這段時間化學藥劑會使身體組織變得硬一些。冷藏與靜置有殺菌效果，而除此之外，他們為了安全考量，也會婉謝帶有人類免疫缺乏病毒（HIV）、肝炎病毒或禽流感病毒的捐贈者。這位塗了橘色與金色指甲油的女士還得等好一段時間才能和學生見面，到時會根據教學需求分別解凍她的各個部位，假如要帶學生認識頸部氣管，那就只會解凍頭頸部分，她的其餘部位則會用乾冰保冷。解凍頭部與四肢末梢通常需要一天時間，軀幹的解凍時間則會隨體型變化，原則上是三天左右。

「我們會盡量冷凍保鮮，但還是解凍到能使用的程度。明尼蘇達州已經夠冷了，」他輕笑著說道：「我們可不希望連大體組織也冰得硬邦邦的。」

泰瑞打開右手邊一扇銀色大門，門內是設有好幾個四層架的保冷室，架子最上層擺了個黑色塑膠箱，箱中目前空無一物，不過可用以搬運軀幹。我看見一個滿是雞湯色液體的袋子，裡頭懸浮著一絲絲形狀古怪的東西，那是從人體內移除的神經腫瘤。我腳邊的桶子裡裝了一對紅色肺臟。房裡有擺放二十八具大體的空間，但目前只有十九具，躺在銀托盤上的他們被裹得像木乃伊，包裹他們用的白毛巾浸了水與保存肌膚水分用的保濕劑，液體與毛巾現在都完全結凍了。之所以用保濕劑是因為防腐液中各種化學藥劑與實驗室內空氣流動容易使大體脫水，若不保濕，大體在這裡放一周就會變得和皮革同樣乾硬。

一具具大體密封在大型塑膠袋內，每個人脖子上都掛了硬幣形狀的標籤，上頭寫著他們的識別號碼，塑膠袋上也綁了同樣的標籤。有些大體身邊積了一英寸深的琥珀色液體，這是從注射位置滲出來的防腐液；人體並不防水，而防腐液的主要成分就是水，所以大體放得越久就會滲出越多液體。我問泰瑞，他做這份工作會不會常弄得滿身髒汙？他看我的眼神彷彿在說：這還用問嗎？他指著地板上的排水孔告訴我，他們的地板都刻意做了沒有縫隙的設計。

「就算晚上下班回家了，你身上還會是這個味道。」

＊＊＊

這天稍早，我剛來到妙佑的斯泰白大樓九樓時，前檯辦公室一片忙碌。接待員指著櫃檯上一碗太妃糖叫我愛吃多少儘管拿，然後就繼續用肩膀夾著聽筒講起了電話，同時一邊打字。身穿藍色刷手服的紹恩背對著我用電腦，泰瑞則不見蹤影。我無聊到正想看看糖果包裝紙上寫了什麼笑話時，泰瑞穿著和紹恩同款的刷手服出現了，這時是上午九點鐘，他從兩個半小時前就開始上班了。

他將一疊紙交給紹恩，並表示我還真選了個業務繁忙的日子來訪，他們今天得處理兩位剛去世的捐贈者，其中一位剛才送到停車場了。紹恩馬上起身，展開了行動。紹恩是個高瘦男人，眼神專注而犀利，大大的笑容卻令人十分安心。如果你將遺體捐贈給妙佑醫療國際的解剖學校，就會由這些人負責照顧你的屍身。

明尼蘇達州羅徹斯特市除了這所醫院之外沒什麼地標。在一八八三年，羅徹斯特建市三十年後，龍捲風襲捲整座城市，造成三十七人死亡、兩百人受傷。當時附近並沒有大型醫院，就只有威廉．梅奧醫師經營的小診所，他在兩個兒子的協助下（其中一個兒子在龍捲風來襲前不久，還在屠宰場用羊頭練習眼部手術）到各處民宅、辦公室、旅館，甚至是舞廳治療傷者。最後，梅奧醫師請聖法蘭西斯修女院的艾佛德修女借出未被使用的修道院空間，當成臨時醫院使用，艾佛德修女也提議募資在玉米田成立一間正式的醫院。她表示上帝給了她啟示，預言那將成為世界知名的醫學中心。

只要看看羅徹斯特市的地圖，你就會發現城市似乎是圍繞這所醫院而建，一切都以這著名的標誌性機構為中心。越是靠近醫院的飯店就越高級，而邊遠地帶的汽車旅館則都掛著廣告布條，強調自己有往返醫院的免費接駁車。醫院高樓之間林立的飯店，則提供連結醫師與病人的輪椅友善地下通道。在美國中西部大雪紛飛的冬季，只有出城或實在不想到餐廳吃飯的人才須踏到室外，城市地下道綿延數英里，隨處可見燈光明亮的禮品店，滿足目標客群用外在事物令自己分心的欲望，畢竟會來全球最權威的實驗性醫療機構之一就醫，大多不是瀕臨死亡就是面對極為複雜棘手的健康問題。

妙佑醫院幫達賴喇嘛治療過前列腺癌，美國前總統雷根在此接受了腦部手術，而喜劇演員李察．普瑞爾（Richard Pryor）在此接受多發性硬化症治療後，還在一場演出中說道：「當你不得不去他媽的北極診斷身體到底出了什麼問題，就知道自己問題大了。」擺在旅館大廳各個角落的傳單寫道，妙佑醫院是「絕望之中的希望」，我還是第一次看到一群人在如此低迷的氣氛下吃旅館附贈的早餐。

來妙佑工作前，泰瑞在羅徹斯特市當了多年的禮儀師。他從前的工作環境和一般禮儀師迥然不同，因為世界各地的人都會來妙佑醫療國際接受治療，但治療不一定每次都成功，如果病人死去了，遺體就必須送回家鄉。泰瑞以前很少像波比那樣安排喪禮或和死者家屬形成密切的連結，他主要都是做運送遺體前的準備工作，以及將遺體送往世界各處的安排。這份工作十分耗體力，夜間工作更是令他疲勞不已，畢竟死亡可是不會照營業時間來的，所以二十一年前看見妙佑醫院的徵才消息時，泰瑞頭也不回地離開了殯儀館。

現在，身為大體老師服務總監的泰瑞負責管理這間技術先進的解剖學實驗室：他在你仍在世時幫你登記入冊，在你死後接收遺體，接著幫你做好防腐保存，將你收入冷凍庫。在其他學術機構，大體老師會被送至校園各處的實驗室，在昏暗的清晨用金屬輪床沿著馬路推過去。但是在妙佑，研究解剖學的學生和醫師會來到大體老師所在的地方，也就是泰瑞管轄的實驗室。

我前一年為《連線》雜誌寫文章時，採訪了泰瑞的前同事費雪，後來就是透過費雪認識了泰瑞。那篇報導介紹了一種較環保的新葬法，它不是用火焰燃燒屍體，而是用超高溫的水與鹼液將屍體處理成灰，這種技術稱為「水葬法」或「鹼性水解」。美國只有十多個州允許水葬法的商業應用，而從事和泰瑞相同工作的費雪在加州大學洛杉磯分校也有一臺水葬機器，用以處理用畢的大體老師（非商業用途）。我問他能不能讓我參觀大體捐贈部門時，他幫我介紹了大學同學、釣魚伙伴與「異父異母兄弟」：泰瑞。費雪表示他們先前在妙佑醫療國際共事多年，當初就是費雪給了泰瑞那份工作，拯救他於夜班疲勞的水火之中。費雪告訴我，比起他的實驗室，妙佑更值得我去參觀。

泰瑞帶我走進一間空教室，只見白板旁掛著一具穿了鐵絲的古董人體骨架，這曾是著名內分泌學者與妙佑共同創辦人普魯莫醫師（Dr. Henry Plummer）的東西（不是他自己的骨架，而是他曾經的所有物）。

「常有人打來說要捐器官或是捐錢，」泰瑞一面說，一面將兩張椅子拖到一張書桌旁，「但我們要的是你的全部！我們要的是比錢更珍貴的東西。」

他坐了下來，將一封信與合約推到我面前，這是他寄給所有潛在捐贈者的文件，上頭已經有了他的簽名，就等著那些在妙佑就醫的病人、病人家屬或和醫院完全無關的人在上頭簽名。合約第一句寫道：「我屬意捐贈大體或其部分，以推進醫學教育與研究。」背面列了妙佑可能婉謝這份贈禮的種種理由：「捐贈者帶有可能傳染學生與職員的疾病、肥胖、極端過瘦，或者大體經驗屍解剖、殘毀、腐爛或因其他原因研判為不適宜大體捐贈。」

「你們拒絕接受大體的時候，會不會觸怒別人？」我問道。我略讀著捐贈大體的條件，想看看自己是否合格。

「會啊，有的人還會在電話上破口大罵。會發生這種情況，主要是因為他們沒把資料讀完，我們以前提供的資料很長，整整七、八頁，所以現在都盡量寫得精簡一點。不過大部分的人其實都符合條件，通常百歲人瑞的大體狀況比三十、四十、五十、六十歲的人都還要好——年紀輕輕就去世的人，大多都有一些嚴重的健康問題。人不會無緣無故活到一百歲嘛。」

泰瑞告訴我，最重要的條件是大體完整性，因為捐贈者若只捐贈部分器官或者大體做過驗屍解剖，那學生就無法學到身體各個部位之間的關係，例如心臟與肺臟的連結，以及動脈系統與大腦的連結。而如果你太過肥胖，學生就無法在時限內在厚厚的脂肪之中找到器官（人體脂肪是一種奶油色油脂，和奶油同樣油滑且難以處理），而且實驗室的桌子可能不夠大，放不下嚴重肥胖的大體。如果你過於消瘦，肌肉量可能會少得難以觀察與辨識，例如二頭肌就只有細細一條而已，那也沒有將你切開研究的教育意義。

「我們的判斷標準不是BMI，那個數字毫無意義。」泰瑞說道：「我的BMI在過胖範圍，但我的身體完全符合大體老師的標準。我們會看捐贈者的年齡和活動習慣，舉例來說，一個長年坐輪椅、體重七十公斤的女性，和一個經常活動、體重同樣七十公斤的女性，在我們看來身體狀況可是大不相同。」

除此之外，慢性心臟衰竭病人的肢體末梢往往會水腫，這種現象同樣有礙觀察學習。妙佑的目標是讓學生研究標準的人體結構，認識身體正常的運作方式與功能，學生在了解狀況良好的人體之後，才能以此為標準，接著認識可能發生的種種異常狀況。合約最後寫道，一旦醫院收下大體，家屬就不能來探視或收回他們了。泰瑞在信與合約末尾感謝潛在捐贈者考慮送出這無比珍貴的贈禮，並用藍色原子筆簽了自己的姓名。

和此時坐在空教室裡、雙手交握在腿上的泰瑞給我的口頭說明相比，合約上的文字就沒有那麼清楚直白了，但如果你在簽名前有任何疑問都可以請教泰瑞。他在對你說明捐贈大體種種細節時不會美化事實，也不會顧及你的感受而不敢說真話，而是會將你想知道的一切與不想知道的一些事情鉅細靡遺告訴你。從我今天和他對話的印象看來，他還會邊笑邊解說，笑得彷彿隨時可能忍俊不禁。看到他、看到其他死亡產業工作者，我不禁認為只有天生足夠歡樂、足夠有活力的人，在面對低潮時才不會輕易心碎。

＊＊＊

翻開解剖學與科學啟蒙的歷史書，你就會看到一位位幾乎被譽為聖人與神仙的醫師。然而，醫學史其實建立在眾多屍體所奠定的基礎之上，這些死者的姓名生平卻多半沒留下紀錄。

學者們明白，為了增進對人體機制的了解、拯救更多人命，他們必須解剖屍體，研究人們生前的運作方式。解剖死豬當然有一些幫助，不過對於了解人類構造的幫助有限，而和不停尖叫、意識清醒的病人相比，安靜、靜止的死者更容易研究。醫師學到更多以後，在手術臺上死去的病人就會減少了。問題是，過去並沒有將遺體捐贈給科研機構的系統，沒有合約可以簽，也沒有泰瑞來執行這套流程。

醫師從解剖動物改而解剖人類屍體時，引起了政治、社會與宗教方面的爭議，盧絲．理查森（Ruth Richardson）在她優秀的著作《死亡、解剖與貧窮》中就詳盡討論了這些議題。起初，蘇格蘭王詹姆斯四世於一五〇六年頒布命令，讓「愛丁堡外科醫師與理髮師協會」將特定死刑犯用於解剖。英格蘭也在一五四〇年跟進，亨利八世允許解剖學者每年使用四具被處以絞刑的重罪犯屍體，後來提倡科學的查理二世將解剖學者可用於研究的屍體數量增加至每年六具。公開解剖成了現存刑罰之外新的一種法定刑罰，它被視為比死更駭人的悲慘命運，被描述為「進一步的恐怖與詭譎惡名」。與解剖相當的懲罰是「英式車裂」，又稱「吊剖分屍刑」，罪犯死後會被支解，身體各部位插在城市各處的尖刺上示眾——在等待死後復甦、重視遺體完整性的宗教社會，這是最殘酷的極刑。

有時在死刑執行前，一些死囚會以自己的屍體為籌碼和外科醫師的代理人達成交易，換取一套穿去受死用的華服，這些人因悽慘的命運成了最早一批大體捐贈者。

問題是，解剖用的死囚就是不夠，而面對這個問題，解剖學者開始為取得屍體不擇手段。一六二八年發表文章證明血液循環的醫師——威廉·哈維解剖了自己的父親與妹妹，也有醫師派學生或親自趁夜盜掘新墳。在供給量少的情況下，屍體在醫師與解剖學者眼中奇貨可居，所以為彌補被絞死的罪犯數量過少的問題，盜屍產業就這麼誕生了。

盜屍賊會將不久前死去的屍體從墳裡挖出來（這些大多是葬在萬人坑的都市貧民），將他們送至解剖學校換錢。到了一七二〇年代，威廉·哈維解剖家人、探索血液流道的一百年後，盜屍幾乎成了倫敦各墓園的普遍現象。當時威廉．杭特（William Hunter）與弟弟約翰兩位權威解剖學者經常解剖人類與動物屍體，但絞刑屍體實在供不應求，於是在一七五〇年代，負責為哥哥的解剖學校供應屍體的約翰選擇向盜屍賊購買屍體，甚至自己去掘屍。他在這段時期蒐羅了各種醫學上的奇特構造與突變體，成立知名的杭特博物館，博物館至今仍存在，位於倫敦的林肯律師學院廣場旁。走進博物館，你可以看到泡在化學防腐液中的心臟與小嬰兒，以及雙頭蜥蜴與獅子的腳趾，我自己就曾站在展示櫃前和液體中的東西互望。

到了英國作家瑪麗．雪萊出生的一七九七年，社會上盜屍猖獗，也成了公開的祕密。在雪萊青少年時期，大家開始用鐵籠鎖住棺材或以其他方式防盜屍賊，她母親下葬的教堂墓園就發生過幾次盜屍事件。（據傳雪萊的父親就是帶著她到母親墓前，描著墓碑上的字母學習讀寫。）成長環境與經歷後來影響了她的寫作，《科學怪人》故事裡被拼湊成怪物的屍體當中，沒有任何一具簽過捐贈合約。科學家製造出了無名的怪物，屬於科學家的造物……然而故事中科學家自己才是真正的怪物，他對創造生命的想法執迷不悟，摒棄了是非善惡。

到一八二八年，盜屍風氣到達了鼎盛時期，那年伯克與海爾兩人跳過盜掘墳墓的步驟，選擇直接謀殺活人、賣屍賺錢，兩人成了愛丁堡惡名昭彰的罪人。伯克因導致十六人窒息而死被判處死刑與解剖刑，死後下場還真是諷刺。時至今日，他的骨架仍立在愛丁堡大學的解剖學博物館裡，肋骨上釘了一張告示牌：（愛爾蘭男性）知名殺人犯威廉・伯克的骨骸。而在愛丁堡大學南方約三百三十二英里處，他大腦的其中一塊靜靜躺在玻璃罐底，萎縮、蒼白的腦組織展示於倫敦威康收藏機構。我在二〇一二年看展覽時，在同一層架上看見了愛因斯坦的大腦切片，天才與罪犯的大腦看上去大同小異。

英國政府不得不採取行動，在持續支持科學研究與教育的同時，澈底扼殺盜屍產業。於是，政府通過了《一八三二年解剖法》（Anatomy Act of 1832），准許外科醫師取用監獄、救濟院、收容所與醫院無人認領的屍體，由於此法將「窮人」與「罪犯」畫上等號，在社會上引起了軒然大波。儘管如此，解剖學者還是有了不顧死者遺願取得屍體的途徑，窮人恐懼的事物也從此多了一件。

最早自願將遺體捐給科研機構的人之一是英國哲學家邊沁，也就是第一章提到的冥誕守靈活動主角。邊沁死於一八三二年，《解剖法》通過的兩個月前，他在遺囑中提出了由史密斯醫師公開解剖遺體的願望。史密斯醫師先前在著作中寫到了自己的看法，他認為埋葬死者太過浪費，遺體應該用於教學。邊沁和史密斯意見一致，他希望能開創對世界有益的一場運動，對生者展現出屍體的實用性，以及將這絕佳的研究素材埋到地下給蟲吃是多麼無用。解剖當天發給群眾的傳單上，寫著邊沁遺囑中一句話：「我提出此遺囑與特殊請求並非出於標新立異之欲，而是因為我在世時少有機會對全人類做出貢獻，因此希望全人類能從我的死亡得到些許的益處。」

然而，儘管邊沁大力提倡大體捐贈，一直到約百年後世人才真正接受並開始捐贈遺體。盧絲．理查森在她的書中推測道，既然捐贈大體與火葬法同時流行了起來，也許表示人們在戰後改變了對屍體與靈魂的看法，不再認為火葬與解剖會導致死者屍體破碎、無法復甦。

在今天，英國境內所有大體老師都來自捐贈者，不過這並不是全球普遍的現象。非洲與亞洲多數國家仍會研究無人認領的大體，而歐陸、南美洲與北美洲則一併使用無人認領的大體與捐贈者大體。我們偶爾會看見舊世界與新世界奇特的交融現象，也許有人自願捐大體，在同意捐獻當時卻沒預測到大體未來會被用在他們無法想像的方面，以下就是一例。現今存在名為「Anatomage」的虛擬解剖桌，可用於醫學訓練，這是塊與真實解剖桌等長、等寬的觸控平板，設置了多層重疊圖像，每一層都是人體一釐米厚的「切片」，整體組合成3D模型，讓學生在不觸碰真人的情況下觀察與研究人體內部結構。Anatomage的四個人體模型當中，有一男一女兩個原屬於美國國家醫學圖書館的「可視化人體計畫」；當時的做法是將大體結凍，每削掉一釐米厚的一層就拍一張照片。我在曼徹斯特參加一場研討會時試用過Anatomage，在銷售人員說明它的各項功能時，我和其他人彎腰對著螢幕上的身體又戳又轉，放大觀看某些器官鮮明的細節與色彩，仔細端詳了多數人一輩子都沒機會親眼看見的部位。我觀察的那位是德州一名被處刑的殺人犯——約瑟夫・傑尼根（Joseph Paul Jernigan）。他雖在生前同意捐贈人體，身體現在的使用方式卻有些爭議，畢竟在他於一九九三年被處以注射死刑時，還沒有人發明互動式解剖桌，他也不知道自己的身體會暴露在如此多人的視線下。

去年，簽署泰瑞那份合約的準捐贈者當中有兩百三十六人死亡，遺體依他們的遺願成功捐了出來，遭遇過去只有罪犯才須面對的命運。在二十年前，泰瑞一年收到的大體頂多只有五十具，不過捐贈大體的人數逐年增加，現在每年約有七百名新的潛在捐贈者簽約。既然這些人是直接將遺體贈予妙佑醫療國際，而不是跑其他捐贈計畫的流程，由中央大體仲介組織分配給不同機構，我不禁好奇地問泰瑞，妙佑為什麼能收到這麼多人的饋贈呢？這之中是否存在一絲刻意？

妙佑收到的大體數量高於有著類似捐贈計畫的加州大學洛杉磯分校，過去十年每年平均收到一百六十八具大體。但這在人口方面說不通，加州明明有將近四千萬人口，光是洛杉磯就有四百萬人，而全明尼蘇達州也就只有五百萬人而已，這五百萬人分散在幾乎與英格蘭同樣遼闊的地帶。從明尼蘇達州最大的機場開往羅徹斯特市，你會經過一望無際的平面公路，經過大片大片的玉米田，放眼望去根本就看不到人，只偶爾會出現幾頭乳牛。

「很多人是在這裡就醫時受到了很好的照顧，所以想要回饋我們。」泰瑞說道：「他們在訓練下一代醫護人員，讓自己的後代得到更好的醫療照護。從禮儀師的角度看來，遺體不是下葬就是火化，他們的故事就這麼結束了，對社會的貢獻也就到此為止。但是在這裡，他們還會繼續為社會做出貢獻。」

你想想看，有比完整的自己更珍貴的贈禮嗎？

* * *

十八歲時，泰瑞被徵募加入美國海軍，主要在維吉尼亞州一所大型海軍醫院的加護病房工作，作為心臟病急救小組的一員負責幫病人抽血。當年接近越戰尾聲，許多與泰瑞同齡的青年前來就醫，那是他第一次與將死之人接觸，他在情緒上還無法理解那些人的死亡。他眼睜睜看著貌似只罹患氣喘的年輕男人入院，最後又眼睜睜看著他們被裝入屍袋抬出去。「新生兒科那邊有的嬰兒身體出了各種問題，那就比較好接受了。可是一個上星期還在和我正常對話，像普通人那樣跟我談笑的男人突然死去，我實在很難接受。」泰瑞會將逝去的病人送到醫院太平間，他就是在太平間首次與禮儀師接觸互動。他當時還不確定自己退伍後該從事哪一行，這時就看見自己不再能照料的人們受到禮儀師的照顧，心中留下了深刻印象。

威廉．杭特（解剖學者杭特兄弟之中的哥哥）在對學生發表導論演講時說道：「解剖學是外科手術的根基……它給了頭腦知識、給了手部靈巧動作，也讓心熟悉了一種必要的無情。」換言之，唯有和病人身體保持心理距離，解剖與外科體系才能順利運作下去。多虧了解剖實驗室裡的死者，醫學才能進步與發展至今，我們必須學習關於自己的知識，才能獲得救治自己的能力。

然而，雖然心理距離十分必要，泰瑞還是想讓人們明白：在醫院這座王國，對死者的尊重是至高律法。未在殯葬業受訓的人也許會以迥然不同的方式執行大體捐贈計畫，不過對泰瑞而言，即使是科學也無法完全切割大體與曾經活著的那個人。「我們的第一要務是滿足病人需求，就算他們去世了也一樣。我們將他們當病人看待，保護他們的醫療紀錄、姓名、隱私與祕密。」他說：「對待他們的方式，就和他們還在世時無異。」

泰瑞花了不少時間試圖對學生傳達這一點，但學生和擺在面前的大體之間似乎仍存在隔閡。「也許他們假裝死亡沒有發生過，在情緒上會好受一些。也許他們把大體視為無生物，心裡會踏實一些。他們還年輕，還沒看過多少死亡，所以會有點輕視這份贈禮，或者輕視眼前的人，把那個人當成可以玩弄的物品。我不覺得他們是故意的，這可能是一種心理上的應對機制。」大部分學生在踏進解剖實驗室之前都沒看過屍體，學生昏厥的狀況也不罕見，泰瑞說大部分學生都發生過不支倒地的狀況。「我在走廊上或教室裡看過不少人全身發軟，從椅子滑到地上。」

我能同情學生區隔自身與大體老師的心情，但理由與泰瑞不同。我在曼徹斯特那場研討會上試用虛擬解剖桌、身邊盡是興奮地研究新機器的人們時，我立刻點選了最糟糕的部位來觀察。我才不想看他的肺臟，我就是要看這個死人的下體——在場所有人都和我想法一致。我感受到了自己與大體之間的隔閡，雖然知道那是真人的照片，觸控螢幕帶來的新鮮感還是阻隔在了我和死者之間，螢幕上出現的不過是照片而已，這不過是場遊戲。我在太平間幫亞當更衣時，曾試圖一點一滴拼湊出他的人格，但虛擬解剖桌上的大體並沒有人格，和我相隔一層玻璃螢幕的死亡顯得虛無縹緲。那種環境下，我對死者不懷絲毫的敬意，他就是個全身赤裸的男人，缺乏人格的他就只是單純的身體與構造罷了。前述這些正是泰瑞保留指甲油與刺青的理由，他會保留人們身上這些小小的細節，提醒學生這曾經是有呼吸心跳的活人。

在一些特定的教學計畫中，他還會公佈大體老師的死因、年齡與生前的工作。我若是醫學生，可能透過螢幕學得再多，也無法和大體建立相同的連結，感受不到泰瑞心目中最必要的東西：我們解剖大體不只是為了了解生命機制，還是為了學習醫學工作的意義。用虛擬解剖桌學習時，整個體驗變得十分空洞，因為最重要的人不在場，所以死亡也不在場。你必須像那天去到太平間、沐浴在暖陽下的我一樣，親手觸碰他們，和他們處在同一空間，即使起初無法承受排山倒海的情緒而昏厥也無所謂。學生們或許不會馬上體會到我接觸亞當時的心情，但他們可以慢慢學習，泰瑞會一步一步引導他們。

「我們的捐贈者，都是全世界最好的人。」他真誠地讚嘆道：「把自己的身體送給別人，這可是一份非常、非常私密的贈禮。還有比這更私密、更貼近個人的禮物嗎？其中一些是八九十歲的老人家，他們那一代非常保守，連迷你裙都不怎麼敢穿，卻還是自願讓人解剖並仔細觀察他們身體的每一部分。他們保守地守護了一輩子的東西，最後送給了我們，這絕對是最大最大的犧牲奉獻。」

* * *

泰瑞暫時離開，去檢查實驗室的狀況，一段時間後穿著白實驗衣回來了，可見實驗室一切狀況良好。我們一同走下長廊，經過一幅幅教職員工照片，相片裡所有人都帶著大大的美式笑容。

解剖實驗室內燈光明亮，泰瑞問我聞到了什麼味道，他自己已經嗅覺疲乏了。「有點像牙醫？」我說道。他笑了：「你的牙醫還好嗎？」福馬林防腐液是甲醛氣體和飽和量甲醛混合形成的液體，但蒸發後又會變成氣態，空調系統將防腐處理用的致癌氣體推往空間低處，較重的甲醛氣體下沉，氧氣則從上方灌下來形成時時流動的空氣循環。這套系統能防止保存大體的防腐劑對解剖者身體造成負擔，也能減緩吸入氣態防腐劑所造成的噁心嘔吐，我還記得高中時解剖蟾蜍，同學們都噁心得逃之夭夭了。

泰瑞指向天花板與靠近地板的進出風口，地板本身則完全無縫，這樣他們在做關節鏡手術時就能放心地讓水流到地上了。泰瑞告訴我，關節鏡手術是一種用小鏡頭探入身體做檢查的微創手術，之所以用水是為了幫助鏡頭捕捉更清晰的影像——我們可以試著在海灘上戴潛水面罩和在水下戴面罩，比較眼前畫面的清晰度，關節鏡手術用水也是同樣的原理。

他打開其中一個櫃子，指著某個灰色的大東西說：「你應該看過一般人用來黏補牆壁縫隙的乳膠吧？」他拿起用發泡塑料精緻雕刻的那件東西，它看上去像一塊被陽光晒得褪色的珊瑚。泰瑞之前將乳膠倒進了一對充氣的肺臟，然後將肺臟整個浸泡在漂白水中，等組織溶解後就只剩這個了：它是氧氣流動的3D路線圖，是輕如鴻毛的人類肺臟。

泰瑞從較高的架上取下一個大塑膠容器，裡頭裝了多年來在大體老師體內找到的各種物品，他把這些留下來，是為了讓學生認識他們練習植入的醫療產品的早期版本。曾經用以連接與支撐脊椎骨的哈靈頓連接桿（Harrington rod）、人工心瓣膜、葡萄大小的人工睪丸（被他丟回箱子裡時還彈了一下）、塑膠膝蓋骨、心律調節器、骨釘、古董乳房植體、主動脈內覆膜支架、支撐心房心室的內覆膜支架等。這些東西一般會連著死者一同埋葬，即使是較環保、自然的墳地也到處是工廠生產的金屬膝蓋。

泰瑞接著拉開抽屜，拿出一件件工具讓我看得仔細，同時唸出它們駭人聽聞的名稱：骨鋸、醫美手術用的纖細皮膚鉤、髖拉鉤、肋骨剪、開胸器、刮刀、各種角度的剪刀（伸入各種小角落用）、手術刀、鎚子、鑿子與鉗子。「這是大學版

《家居裝飾》喔。」他拿起一件看上去有夠邪惡的物品，長得像口部呈鋸齒狀的金屬蛇。他說道：「這個可以前後擺動割碎組織，然後再把碎組織吸出來。」晶亮的鋼鐵器材整齊排放在抽屜分格內，在燈光下閃爍，每一件工具都收納在貼了標籤的抽屜裡。「這些隨便一件都大概一千美元！」泰瑞得意洋洋地炫耀他的收藏。

工作臺上擺著縫合線、膠帶、擦手紙、皮膚縫合釘，實驗室裡有各種尺寸的手套與圍裙，有水槽與滅菌器，雖然沒有病人之間互相感染的風險，他們還是以外科手術的標準清潔所有器材。他們有一箱一箱的護目鏡、全臉面罩、半臉面罩，以及濕實驗室用的及膝鞋套。現在，泰瑞取出了今天下午髖關節置換術課程所需的器材：在植入金屬桿或骨釘前清除骨髓用的「骨鑽」（reamer）、各種鎚子，以及綠色、藍色和粉紅色塑膠製成的球形關節。他拿了個高爾夫球大小的東西給我看，那個小東西乍看下像起司刨絲器。他告訴我，這個是在關節窩刮出一塊空間、讓他們塞入人工關節用的。他將工具在空氣中轉了轉做刨絲的動作，我開始覺得渾身發疼。

「我看到屍體是不會昏倒，」我說道，以免他看我臉色不對勁，不讓我觀看完整的實驗流程，「可是，呃，骨頭刨絲器可能就超出我的極限了。」他又輕笑一聲，指向房間另一頭。「那邊幾臺推車上放的都是人腦喔。」

他邀我隨意打開一桶人腦，我們一同低頭注視著佈滿藍色靜脈的灰色切片，每一片都切得整整齊齊，簡直像切片的吐司。這其實是解剖術語，你可能會在實驗室裡聽人說：「這顆大腦沿著軸平面切成『吐司片』了。」

「你會不會看著這個就想到，這塊東西以前可是控制了一整個人呢。」我說，看著擠在防腐液中一片片大腦。

「整個人體都堪稱奇蹟，大腦的貢獻更是……不可思議。對了，這個是我之前提到的不鏽鋼手術臺，可以像蚌殼那樣攤開——」

泰瑞說起實驗室Wi-Fi與多年來各種更新設備時，我的視線飄到了房間對面，我看見一具躺在桌上的大體。大體身上蓋著一大塊白布，布上有幾處紅棕色汙漬，布下露出兩隻骨節分明、一看就知道年紀很大的腳，指甲比腳趾長了足足一公分。這是男人的大體，雙腳形狀卻彷彿多年來一直被塞進最尖、最不舒服的細跟鞋。他沒有頭。他耐心地等著換上新的髖關節。

＊＊＊

「腿都放在後面，頭和上半身在兩邊。」泰瑞說道。他走了出來，讓我自行走進高聳架子之間的窄道，架子高到沒有梯子就不可能碰到最上層。這是他們存放新鮮人體組織的冷凍庫，這裡的肢體和之前在保冷房裡看到的不同，都未經防腐處理。「我們想讓學生用最接近病人實際狀態的教材，只不過沒有呼吸心跳而已。」站在門口的泰瑞解釋道。防腐處理不僅限制了組織彈性，化學藥劑也往往會使組織褪色，若只用防腐過的大體老師練習，到時學生真正對活人進行手術時，會感覺自己是憑著褪色的地圖尋路，很不習慣活人的軀體。「我們會盡量模擬逼真的手術環境，讓他們練習近似真實情況的醫療照護。要犯錯就只能趁現在了。」

這間房裡沒有完整大體，只有泰瑞估計約一百三十個捐贈者的不同肢體部位。你若站在葬了數千人的墓園，根本不會想到屍體與地面之間這六呎泥土有多麼重要，而在這裡，眾多人體的視覺效果實在驚人。牆壁兩旁排了數百個袋子，裝著形狀各異的東西，我看見手指與腳，以及乍看下像足球、鼻尖卻緊貼著塑膠袋的東西。一顆裝袋的頭上用藍色油性筆寫了某位醫師的名字，是醫師預留著之後使用的。地板上有一條仍連著髖關節的完整人腿，赤足從毛巾下探了出來。裝在綠色袋子裡的部位都「用畢」了，之後會送去火化，但在那之前會先放在這裡等身體其餘部位集齊，而這些部位都有識別號碼。所有部位集齊後，泰瑞會將它們重新拼回人樣，但不會縫在一起，因為冷凍的肉硬到無法穿針引線，若解凍了又會滲水。每具大體都會完整地火化，到時又會恢復各自的身分與姓名。「這是我們對捐贈者家屬的承諾，我們非常、非常重視這份承諾，從不把任何東西弄丟。」

「有些人可能覺得我們不尊重死者。」他一面說，一面揮手示意我後方的冷凍庫深處。「但在我看來，白白浪費捐贈者的組織才是對他們的不敬。」

我在寒冷刺骨的房間裡停留半晌，低頭看著這些人類殘塊，看著塑膠袋上霧一般的白霜，試圖釐清自己此刻的感受。當初聯絡泰瑞時，我認為最令我震驚的會是這一幕，儘管我從小就愛盯著病理學博物館裡的玻璃罐，這還是和罐子裡的東西不同，我看了想必會感到更為難受。這些可不是很久以前褪色的生物樣本，而是近期死亡、肉體新鮮、明顯屬於人類的肢體殘骸，電腦系統裡還存著他們每個人的姓名，世界上還有人悼念他們。然而，我錯了。

我有種抽離感，不只是塑膠袋與毛巾造成的物理分離感，而是一種情緒上的距離……這些物品沒有一件和我認知中的人類相符。唯一讓我感覺自己看到了「人」的部位，就是他們的手，有些人指甲油擦得漂漂亮亮，有些人的指甲咬得亂七八糟。泰瑞那個學生說對了，即使與身體其他部位分離後，手仍然保留了一個人的個性。人們牽過這些手，手心手背都是我們在世上最為熟悉的東西。我身旁一層架上擺了半裹在毛巾裡的一條條手臂，它們與身體在肩膀處分離，裝在透明塑膠袋裡。一隻隻手彷彿凍結在半句手語、激動比劃的動作之中，凍結在曾經的一瞬間，彷彿隨機抽出了十九世紀攝影先驅邁布里奇攝影展中的幾張照片。裝在塑膠袋裡、什麼都沒有的手，居然比完整的大體更有個性。

儘管如此，我還是幾乎無感，或者說沒感受到自己預期的震驚、恐懼或噁心。那個擺滿斷頭的冷凍庫裡只有單純的科學與科幻動畫《飛出個未來》般冷凍定格的瞬間。在波比的太平間裡，我感受到了十三條性命的消失，然而此時面對十倍人數的破碎肢體，我內心卻意外地寂靜無聲。

在一七八〇年代，身高七呎的「愛爾蘭巨人」查爾斯．拜恩發現自己健康狀況逐漸惡化時，就已經知道解剖學者會為了得到他的遺體而無所不用其極。他不希望自己最終成為約翰．杭特病理學博物館的展品之一，不想成為保存在玻璃櫃中的畸形怪物，數百年後還站在那裡俯視穿著羽絨外套的觀光客。拜恩提出了海葬的請求，他在二十二歲時去世，遺體也確實被送到了海邊。杭特博物館裡大部分的人類肢體都是無名屍或被盜掘而來，矗立於展示櫃中的拜恩骨架卻有名有姓。他的遺體最終沒能葬在海裡，而是被人偷去，空棺材則被收賄的殯葬業者裝滿了石頭，以免抬棺人發現重量異常。當你抬頭仰望他粗實的骨骼，心中會不禁感受到它們的重量。他並不希望來到這裡。

我慢慢意識到，此時此刻冷凍庫裡所有人——包括泰瑞、包括我在內，都是心甘情願來到這裡的。所有的死亡，一層又一層冷凍的肉體，一袋又一袋的腿與軀幹，都可能淹沒房裡的生命。屠宰場般無情的千篇一律，冰凍與解凍，號碼與歸檔，都可能使這一切失去意義，甚至造成更嚴重的效果。然而，不可思議的規模反而逆轉了這種效果——把鏡頭拉遠，一次將這一切收入眼底，你會發現眼前的畫面並不駭人，也不悲傷，因為每一個人都希望自己的死亡能為世界帶來一些好處，每一個人都出於這份心願選擇了這裡。沉重的金屬門與橡膠封條成了相框，框住充滿慷慨與希望的畫面。

* * *

即使砍下擬鱷龜的頭，牠的上下顎仍能緊咬在一起，就像在草地上扭動彈跳的蜥蜴斷尾一樣。少了頭，牠的心臟還是能持續跳動數小時，將冰冷血液往外推送。在堅硬的外殼保護下，擬鱷龜沒有任何天敵——烏龜湯愛好者、路上的汽車與無聊沒事幹的男孩子除外。

那是在一九六〇年代中期的佛羅里達州，年僅七歲的泰瑞發現了被附近小惡霸虐死後棄屍的烏龜。泰瑞天天回到犯罪現場，驚嘆地看著死後仍能活動的頭部，欣賞肌肉最單純的生理反應，以及擬鱷龜最為著名的咬合力。他蹲在濕熱空氣中，迷上了身體的生與死之奇蹟，迷上了它的功能與基礎機制。在泰瑞印象中，直到死亡五天過後，烏龜的斷頭才不再緊咬他伸去的樹枝。

從泰瑞注視著我的神情看來，他似乎好一陣子沒想到這些了。觀察完擬鱷龜後，他帶著空氣槍到大沼澤地國家公園獵山齒鶉、犰狳、浣熊與負鼠，每次都好奇地取出動物內臟。「我沒有學別人擺攤賣飲料賺零用錢，而是跑出去射殺鯊魚，把牠們的顎骨切下來，看看牠們都吃了些什麼，然後把鯊魚顎骨拿去佛州的81A大高速公路邊賣掉。我還有賣椰子，我以前看到那麼多老人家來跟我買椰子，一直覺得很不可思議。」你也許會以為這樣的孩子長大後會變成「食人魔達默」那種連續殺人犯，不過對死亡的興趣不一定會帶人走上同一條道路，泰瑞是在死屍當中尋找生命，尋找令不同部位動起來的能量。

現在，泰瑞沿著事先規劃好的線條，用醫療器材支解一具具大體，以便保存學生要研究的構造。在分解肩膀時，他會順著鎖骨、肋腔切下去，將手臂連帶肩胛骨一同切下來。為了充分使用膝蓋與腳踝，同時將髖部保留給另一組人使用，他在切割時會保留股骨的三分之一，讓骨科學生觀察髖關節的手術路徑。在需要將頭部與身體分開時，他會用骨鋸切割肉的部分，在肩膀上方將脊椎脫節，盡量保留頸部與軀幹相連，以便讓學生研究呼吸道。

我問他會不會介意這些，他笑著說不會，他從前到犯罪現場收屍時見過不少驚悚畫面，那比他在準備室做的工作可怕多了。他不知道自己為什麼能做這份別人做不到的工作，也不知道自己有什麼異於常人的特質，為什麼不會噁心、昏暈或作噩夢。

泰瑞還在當禮儀師時，羅徹斯特市驗屍官手下並沒有移除屍體的小組，所以經常請泰瑞到場幫忙。發生汽車爆炸時，座椅都融到只剩下彈簧了，其他工作人員在當地報社與新聞臺的攝影機前狂嘔，泰瑞卻能有條不紊地撿起一塊塊屍體。有人自殺後於空屋陳屍數周，身旁是裏了好幾層雜誌消音的手槍，這時其他工作人員鼻孔裡塗滿了薄荷膏站在一旁，泰瑞卻能動手將遺體裝入屍袋。他替臉部被寵物啃爛的人收過屍，過程中也沒感到不適。我問他是怎麼忍受這一切、怎麼做到的，他卻輕笑不停，說他自己也不曉得。我讓這個問題懸在空氣中。

「嗯，有一次我不得不把朋友的頭切下來，那真的……」他沒有說完。「我做這份工作天天把別人的頭或手臂切下來，我都不知道自己是怎麼弄到這份工作的。我是怎麼來到這裡的呢？」

他說的朋友是在妙佑醫院上班的同事，生前也簽了捐贈合約。泰瑞告訴自己，那位朋友很清楚自己做的是什麼決定，也很清楚之後會是誰幫他完成心願，所以泰瑞不過是在幫朋友實現願望而已。「我在這裡工作這麼多年，收過好幾個我認識的捐贈者，這時候感覺就不一樣了。我還是會心理上保持距離，遵守盡全力尊敬他們、接受這份贈禮的承諾，但事情總是會有觸及個人的一面。這種時候也沒辦法，只能硬著頭皮繼續做下去了。我相信當醫護人員要幫家人朋友治療時，感覺也會很不一樣，會覺得比較有壓力。你還是想把工作做好，治療認識和不認識的病人方法也一樣，可是在情緒處理上會不一樣。」

有些時候，你還是得照顧自己的心。妙佑醫院現在和鄰近的明尼亞波利斯市一所大學建立了大體交換系統，如果手上有和職員或學生身分親近的大體，他們就會互相交換。

「你在準備朋友的大體時，有什麼和平時不同的做法嗎？」我問：「你有遮住他的臉嗎？」

「沒有。我還是照常工作，盡量把情緒壓抑下去，和平常一樣盡可能滿足他們參與醫學教學的願望。」

我不禁好奇，這是他在工作期間學來的習慣嗎？即使對禮儀師而言，打開冷凍庫看到滿滿的斷頭還是會嚇到吧？我接著問他第一天來上班時有沒有受到驚嚇，他告訴我，那天他們在兩張桌子上排了十三顆人頭，準備帶學生練習「甲狀軟骨成型術」[1]與「鼻整形手術」。

「我沒有嚇跑。那時候心裡只在想：喔，好奇怪。」在泰瑞看來，在殯儀館工作造成的情緒負擔應該重一些，因為殯儀館和妙佑的解剖學部門不同，可能得處理兒童的遺體——他向來覺得兒童死亡所造成的情緒最難處理。「那種時候，你從頭到尾都得處理傷痛。我現在這份工作當然還是有一點悲傷的成分，但也能為死者家屬帶來很多希望、讓他們樂觀一些，讓大家發現就算是糟糕的事件也可能產出一些正面結果。」他又想了想，試圖解釋自己為何能鎮定地處理人頭。「就這樣，總之我很自在。」他想不到如何解釋，最後就這麼說道。「完全不會覺得不舒服。不過我們要是無緣無故把人家的頭切下來，也沒用來做一些有益的事，那我可能就沒辦法了。」

泰瑞六十二歲，再過兩年就要退休了，不過他感覺就是那種每次都說「再過兩年就退休」的人。話雖如此，他並沒有以退休為基礎做人生規劃，他知道，不是

---

1 thyroplasty，用於治療單側聲帶麻痺、聲帶萎縮等病症的手術之一。

每個人都能活到退休年齡。他知道人類的上下顎不會像擬鱷龜一樣，在死後還反射性活動，不過人體能在生命消逝後繼續貢獻下去，除了臨終前捐出的溫熱肝臟之外，它還能給予生者更多更多的幫助。

我們不可能將解剖實驗室預防的差錯或達成的成功量化，因為這一切都是年輕醫師醫學訓練的一環，但冷凍庫裡的死者與走在路上的生者之間確實存在一種直接關係。

每月會有一兩個醫師請泰瑞幫忙，有位醫師就用死者手腕改良了治療腕骨隧道症候群的工具。還有一位醫師得處理極端複雜的腫瘤，病人在治療過程中死亡的機率太高了，世界各地其他外科醫師都不願意冒險：腫瘤從病人頸部開始，有如招牌上的旋轉彩柱一樣纏著脊柱向下延伸，一路長到了胸腰之間。為了移除這塊形狀扭曲、生長範圍又廣的腫瘤，一支多領域人才組成的團隊必須沿著脊椎不停正面、背面、正面、背面輪流動刀，將這名男性病人像烤雞一樣來回翻轉。於是，他們某天下班後晚上十點來到了泰瑞的實驗室，用大體練習翻轉開刀、制定計畫，一直練到天明才離開。病人最後活下來了。

還有一次是臉部移植手術，這個案例我聽過：那是一場耗時五十六小時的馬拉松式手術，最後非常成功，甚至登上了國際新聞。病人是懷俄明州一名三十二歲的男子桑納斯，他二十一歲時對自己下巴開了一槍，結果幾乎完全毀容。事發十年過後，明尼蘇達州西南部的男子羅斯用槍自盡身亡，他和桑納斯無論是年齡、血型、膚色或面部構造都幾乎完全相同。醫師們等待合適的捐贈者出現已經等了三年，這段期間他們一直都在練習，外科醫師、護理師、手術技師與麻醉師都花五十個周末在泰瑞的實驗室裡練習。他們分組在兩間小房間裡作業，模擬刀房裡空間窄小的工作環境，研究了頭臉每一條神經與神經對臉部的影響，拍了照片與影片，也練習連接神經。

手術團隊每次來都會用兩顆頭練習，一共交換移植了一百張臉。大體老師雖不會完好地離開實驗室，但泰瑞還是會確保每個人離開時該在的部位都在，所以每當外科醫師練習完畢，他就會留下來將捐贈者的臉換回去。其實他不這麼做也不會有人發現，畢竟臉部的肉不含骨頭，在火化後也不會有骨灰出現在別人骨灰罈裡的問題。他之所以這麼做，是因為這是正確的做法——就和他從前作為禮儀師，總是會確保死者穿戴整齊下葬一樣，即使家屬忘了提供內衣褲與襪子，他仍會找幾件給死者穿上。他不這麼做也不會有任何人知道，但是他自己知道。

他能夠坦然使用骨鋸、坦然切下死者的頭顱，就是因為工作還有正面的一部分：科學進步、未來種種可能性，以及存在於這份工作本身的善良與好意。泰瑞有個同樣負責切割大體的助理，泰瑞經常鼓勵他從冷凍庫出來看看學生，看看自己努力的成果。泰瑞明白，若少了科學與希望的元素，這樣的工作環境容易使人悲傷抑鬱。儘管他大部分時間都在實驗室後面的冰冷房間裡獨自工作，當他談起自己對於延續生者生命所做出的貢獻時，那容光煥發的神情還是令人印象深刻。

＊＊＊

我曾參加一場派對，和某個足科醫師聊了起來，她說所有人都有把自己的腳裝在罐子裡保存起來的願望。她診治的主要是歸國退役軍人，他們有的忽略了身體狀況，有的則是得了糖尿病，有的兩者皆是，總之他們的腳腐壞了。這位醫師表示，無論腳處於何種狀態，都沒有人想失去這個部位，他們寧可讓腳繼續在腿部末梢腐爛、最終導致整個人死亡，也不願意失去這隻腳。即使他們無奈地放棄保住這隻腳，還是會提出能不能將它留在身邊的問題，他們就是不希望身體一部分離自己而去。

我想像這些人坐在輪椅上，無助地抬頭央求醫師讓他們將爛臭的腳裝進罐子留下來……而與此同時，駕駛運屍車的泰瑞逐漸減速，在橡樹墓園裡停車。此時的他不再穿刷手服，而是穿著橘色彩格上衣、藍色牛仔褲與棕色靴子。

泰瑞搖下車窗，指向窗外一棟灰色花崗岩紀念館，這裡紀念的是妙佑醫院每一位捐贈者，他們的骨灰最後都會放入紀念館地窖。雖然不清楚自己的身體會經歷些什麼，也不知道笨拙地用手術刀將他們切開的人會是誰，他們還是選擇將身體捐了出去。紀念館正面刻了一段文字：

**獻給所有為幫助他人活下去，將身體捐贈予妙佑基金會作解剖學研究之用的人。**

泰瑞會定時來檢查地窖的濕度、修剪石材邊的青草，並每年將更多骨灰放入地窖。這裡葬了數千人的遺骸，這些人和泰瑞素昧平生，死後一年卻由泰瑞一塊一塊送去火化，最後由他葬在這裡，也由他來為這些人掃墓。

並不是所有捐贈者骨灰都埋在這裡，如果家屬想將骨灰帶回家，就會在每年一度的感恩大會儀式上取骨灰。在感恩大會上，無名無姓的大體再次成了一個個人類，黑色塑膠骨灰罈上再次出現他們的姓名，同時也會標上他們的捐贈者序號，同時記錄了一具身體的兩次「生命」。儀式除了致上對捐贈者的謝意之外，也是讓還未有機會辦喪禮的家屬為家人之死畫上句點。今年的儀式將在明日舉行，泰瑞告訴我，想找到座位的話就必須提早到場，到時應該會有數百人前去觀禮。

第二天，人潮從側門魚貫進入建築，被導入一間大禮堂。幾名醫學生輪流上臺朗讀自己寫的詩篇，然後回到自己的座位上，也不知道鄰座來賓是不是和自己解剖過的大體老師相識，是不是死者的兄弟、子女、妻子。每一篇詩都談到了這些死者，學生仔細認識了他們的心臟構造，卻永遠不可能知道他們一些最基本的個性與想法。他們在等紅燈時會不會用手指敲方向盤？他們會不會直接把花生醬從罐子裡挖出來吃？

巨大螢幕上列出了數以百計的捐贈者姓名，由兩位實習外科醫師一一唸出來，但他們從頭到尾都不曉得親身教了他們人體運作方式的人是誰。名單上意外地頻繁出現「柯米特」這個名字。我旁邊坐了個年紀稍大的英俊男士，他穿西裝、打黃領帶，在學生唸到某個名字時湊過來驕傲地低聲說道：「瑟瑪是我母親，她活到了一百零五歲半喔！」她當了四十年寡婦，在安養院贏了不少次運動比賽，最後，她悉心照料了這許多年的身體（還孕育出我旁邊這位男士），被她捐給了妙佑醫院。

稍晚隨著自助吧食物越來越少的同時，大家禮貌地等待機會，請泰瑞將他們的親友歸還給他們。泰瑞此時身穿深色西裝，對死者親屬說話時聲音寧靜、柔和而飽含敬意，彷彿在死者墓前低語。有些人想試試運氣，問學生是否在父親體內找到了任何異常：最後那個癌腫瘤長到多大？你覺得會遺傳嗎？一盤盤食物涼了、凝固了，繫著黃領帶的男人將母親領了回去。這天是五月五日節，在外頭的明尼蘇達陽光下，老人們坐在輪椅上等計程車放下輪椅坡，懷裡抱著一盒盒骨灰。

CHAPTER 3

# 點石成金
# 死亡面具雕塑師

尼克．雷諾茲從小和父親在墨西哥各處逃避緝捕，現今居住於倫敦——他父親是惡名昭彰的「一九六三年火車大劫案」幕後首腦布魯斯．雷諾茲（Bruce Reynolds）。他家其實離我不遠，是一幢公寓的二樓，位於高得窗外無任何建築遮擋天空的山丘，和太陽之間除了大氣以外沒有任何阻隔。窄小的屋子裡擠滿了藝術品、紀念掛繩與青銅頭像。我靠著廚房門框，看著尼克進出一個個房間找東西，他說他已經連續忙了好幾天，明早八點就得坐上觀光巴士，而且他找不到他留著想讓我看的東西——客戶寫給他的感謝信。

幫我泡茶的同時，他揮手示意亂七八糟的碗盤、鑿子與茶包後方，只見窗邊工作臺上擺了白石膏製成的一張臉。他表示自己每到夕陽西下就不再工作，因為沒了陽光之後繼續做下去也沒意義了。外頭現在天黑了，在廚房燈泡赤裸裸的光線下，男人的五官細節都看不清楚了。它無疑是一張英俊的臉，但在缺少可視細節的情況下，很難留下深刻的印象。

「自殺了。他從比奇角斷崖跳了下去，據說還有助跑。」尼克表示，他必須在後製時修補頭像，因為在落崖後男人的顎骨歪了，頭骨也多了幾個深達一英寸的凹坑。石膏頭像旁還有一隻石膏手、一隻石膏腳。這個男人跳崖時險些摔成了數塊，為什麼會有人要他身體一些各別部位的模型呢？尼克也答不上來。別人請他製作這些東西時，他一般都不會多問。

死亡面具在歷史上多處出現，它們曾是國王與法老王的領域，被用以製作君王肖像，讓死去的他們巡遊國境，無論路途多麼遙遠，民眾都能瞻仰領袖不朽的遺容。在照相技術發明前，死亡面具是藝術家畫肖像用的參考，大部分時候畫作完成以後面具便會被丟棄——相比直接用人臉製作的立體模型，過去的人們更重視藝術家筆下的畫像。除此之外，死亡面具也被用以保存無名屍的面容，也許未來他們還有被辨認出來的機會。在一八〇〇年代早期，有人為一名溺斃於塞納河的年輕女性製作死亡面具，後來在一九六〇年問世的第一個心肺復甦人偶「復甦安妮」就是以她的臉為模板製成，現在成了全世界最常被人嘴對嘴親吻的一張臉。小說家卡繆就擁有她死亡面具的複製品，稱她為「淹溺的蒙娜麗莎」（drowned Mona Lisa），她還成為超現實主義藝術家靜止無聲的靈感泉源。你或許和她打過照面，甚至因為她救過人命。

這天稍早，我翻閱德國歷史學者班卡德（Ernst Benkard）編撰的《不死面容》一書，這本書的英文版出版於一九二九年，收錄了十四世紀到二十世紀形形色色的死亡面具照片。翻開這本書，你可以看到尼采、托爾斯泰、雨果、馬勒、貝多芬……等名人、富人、政治領袖在死去須臾、數日，甚至是數周後，面容被石膏保存了下來。不過到了現代，真的還有做死亡面具的必要嗎？如果要將某人的形象保存下來，那不是拍照就好了嗎？很多人都不忍直視死屍，為什麼非得用石膏印下死者的臉不可呢？這是我走訪妙佑醫院數月後的事了，這幾個月來，我腦中不停重播一個畫面：泰瑞在手術練習結束後留下來，將大體老師的臉物歸原主。臉的重要性究竟是什麼呢？

今日來此，就是為了請尼克回答這個問題。尼克從二十多年前便開始為死者的臉製作印模，全英國現在只有他一個人在做這件事（至少以此營利的人只有他一個）。我在自家附近的海格墓園看過他的作品，龐克文化推手馬康・麥拉林的墓碑上立著他的青銅頭像，下方則是一句噴砂加工過的引語：「寧願壯觀地失敗，也不願平凡地成功。」我還看見尼克的父親了，他位在離墓園入口不遠處，你將自己的臉湊到大門鐵柵之間，就幾乎能看見他的臉。

我們轉移陣地，坐上了客廳裡的黑皮革沙發。這個房間滿滿都是書本、塑像與繪有各式畫面的畫布，是尼克和藝術家與音樂家為伍的生活中蒐羅而來的各式雜物。咖啡桌上擺了一本關於美國傳奇音樂家強尼・凱許的書，牆邊都是擺滿物品的玻璃櫃。他父親的頭像俯視著我們，這和他墓上的死亡面具不同，是他仍在世時雕塑的，而一旁是另一張死亡面具，這人是同為火車劫匪的朗尼・畢格斯（Ronnie

Biggs），他被英國警方通緝三十六年，後來成為反抗者心目中的偶像人物。畢格斯像店裡的展示模特兒一樣，戴著黑墨鏡與黑帽。

尼克會留存自己一些較知名的作品副本，不過客廳裡所有頭像都是生者的面容——儘管如此，他們仍令我感到不安，彷彿被人監視。

「這裡一個死人都沒有。」他一面說，一面示意客廳各處的面具，「但是客人來我家借宿，光是看到『面具』就覺得很不自在。」他又說道：「光是人臉就能讓人不自在了。」

他靠坐在沙發上捲香菸，腿上擱著一罐生力啤酒。尼克五十七歲，今天穿著一件開了幾顆釦子的粉紅襯衫，臉上戴著色調偏橘的眼鏡。他咳嗽一聲告訴我，他主要是靠吹口琴賺錢（他是阿拉巴馬3樂團的成員，《黑道家族》電視劇的片頭曲就是他們的作品），不過菸癮幾乎毀了他的音樂事業。「我一定是腦子壞了。」他一面說，一面輕舔菸紙邊緣：「要是把肺搞壞，我不就不能吹口琴了嗎？」他的嗓音低沉、微沙啞，即使在酒吧嘈雜聲、尼古丁煙霧中也能聽得一清二楚。房裡迅速充滿了煙雲，我頓時感到呼吸困難，只能請他開窗。

「以前人覺得死亡面具很重要，是因為他們覺得面具保存了那個死人的一部分精華。」他一面說，一面將菸煙吹出窗外。「他們以前相信萬物有靈，希臘羅馬人覺得可以用集中精神、祈禱跟唸咒之類的方法召喚死人靈魂，召喚出靈魂以後，雕像就會活起來。雕像在他們看來是類似房屋的東西，可以容納神或是人的靈魂。不知道為什麼，維多利亞時代的人也相信這一套，覺得死亡面具長得和死去的人很像，所以可以變成那人靈魂的容器。你不是有一本班卡德的書嗎？他在書裡寫得很好：不知道為什麼，在製作死亡面具的過程中，死亡的神祕感會多少滲入那個石膏模，讓它多了一種超自然的感覺。」

我看著書中一張張臉，在現實生活中也看著一張張死亡面具，還真覺得它們有某種魔力。即使沒在物理上接近死者，你也會覺得自己離死者很近——比曼徹斯特研討會那虛擬解剖桌上的照片近得多。死亡面具是一種形式的永生，介於生死之間的物理中間態。一個人早在四百年前死去，你還是不需透過畫家筆觸，就能看見他或她眼角的扇形皺紋。尼克表示，無論你是否相信死後世界的存在，死亡面具都能成為你和死者溝通的橋梁，像他自己有時就會對父親的面具說說話。他說有些客戶會將家人的死亡面具放進抽屜，再也不拿出來看，但也有一些人睡前會將面具放在旁邊的枕頭上。

尼克從架上取下幾件作品，其中包括影星彼得．奧圖黑色的手部模型，你或許在電影劇照中看過這隻大手拈著香菸，或者看過狗仔照片中他一手掛在朋友肩膀上走出蘇活區的酒吧。我伸手搭在那隻大手上，對比下我的手顯得好小。

尼克認為死亡面具在這些年又流行起來了，他每次製作名人的臉部翻模都會被報導出來，引起新一波關注，像馬康・麥拉林、蘇活花花公子塞巴斯蒂安・霍斯利（Sebastian Horsley）、奧圖都是。尼克曾想在不同城市分別僱用藝術系學生，請他們代為製作印模、送到倫敦，最後再由他親自製作最終版死亡面具，不過這項計畫一直沒能成功實行。他每年親手做四、五個死者的印模，再用小行李箱將石膏模從太平間推回家。大多數人並不會想到要請人製作家屬的死亡面具，他的客戶多是富人、名人的家人，家中有保存死亡面具的傳統。

舉例而言，英國保守黨政客雅各・芮斯－莫格（Jacob Rees-Mogg）就請人做了父親的死亡面具，希望能將他的3D肖像流傳給後代子孫；他喜歡死亡面具這個看得到、摸得著的實體，喜歡這種能永久留存的實物。尼克做的大多是男人的死亡面具，委託人大多是死者遺孀，不過也有些沒沒無聞，甚至不算富裕的人支付兩千五百英鎊的高價委託尼克，至於這些人的姓名身分他就不肯告訴我了。尼克昨天為僅僅五周大的早產兒冰冷的雙腳做了印模；兩周前是一個癌症病逝的十四歲孩子；去年則有個年輕力壯的二十六歲男人，他是在馬路上後退時不慎絆倒了。

「不管你相不相信死亡的神祕感會滲透到面具裡，做面具的過程還是很特別。」他回到了敞開的窗前，對我說道：「它還是一張獨一無二的臉，就和人的指紋一樣獨特，而且面具就是你印下這張臉的最後一次機會了。我覺得對很多人來說，他們就是想把親友的一部分保留下來，不讓親愛的人變成蟲子的食物或被燒成灰。他們可能會突然發現親愛的人消失了，但他們想把這個人的一部分留在身邊。我不知道他們當下是經過理性思考想要做這件事，還是純粹臨時起意，不過我個人覺得死亡面具真的是好東西。一個人死了以後，你還是可以動動手就把那個人變成石像，還可以永遠留著這個石像，不怕它爛掉——這不是很了不起嗎？」

＊＊＊

尼克告訴我，人在死後會變得非常好看。在死時，你的臉會全然放鬆，所有緊繃感、皺紋與積累多年的擔憂及痛楚，都會瞬間消失。你會變得寧靜而安詳，整張臉的顏色也會十分均勻。「理想情況下，我會在他們還有溫度時去鑄模。」他說話時吐出了一朵一朵小雲。「如果我在事後好幾個禮拜才接到委託，那時候感覺就不太一樣了，他們看起來會有點……有點像手風琴那樣，皺巴巴的。」

維多利亞時代的人認為越早製作死亡面具，就越能夠捕捉一個人的精華，所以有時甚至醫師都還沒簽死亡證明，他們就已經請來死亡面具雕塑師了。現代人不一樣，有時等到死者肌膚與軟骨在時間及生物作用下縮水，才將尼克請來鑄模。待到那時，死者的嘴唇萎縮，眼窩凹陷，鼻子也開始變形了。有時死者身上會有解剖驗屍的切痕，或者死者在水池裡泡了太久，皮膚可能會皺縮起來。有時死亡牽扯到官司，因為法律程序跑太久了，冰在冷凍庫裡的遺體身上都結了冰。尼克認為，將死者在殯儀館冰櫃裡放置五周後的樣子做成死亡面具、交給他的兒女，根本就沒有意義——兒女收到的並不是父親生前容貌製成的塑像，而會是死亡遲緩作用的結果。

出於這樣的想法，尼克有時會做一些修改與微調，例如用按摩的方式將死者臉部肌膚推回原位，事後再對塑像精雕細琢一番，移除重力造成的變形，垂到耳邊的臉頰皮肉、疊在下巴下的垂肉，都被他修改回死者生前的模樣。「我基本上就是要盡量讓面具看起來像是人剛死不久就做出來的東西。」他說：「也盡量做得像是沒加工過的樣子。」

有些人會請他製作睜眼的面具，有些人一直猶豫不決，而大多數人的面具都宛若睡顏。我們若觀察威靈頓公爵的死亡面具等較古老的面具樣式，就會發現它們都未經修飾，公爵因牙齒掉光而嘴唇下凹，彷彿被看不見的手朝喉嚨方向拉去。不過話說回來，威靈頓公爵是死於一八五二年，當時人見慣了真正的死亡，不會期望防腐師或死亡面具雕塑師製作出完美的遺容。

「第一件事就是搞定他們的頭髮。」尼克口頭介紹製作死亡面具的流程，這對他而言已是習慣動作，所以他不時得停下來補充先前忘記說明的部分。整理完頭髮後，他會在死者臉上塗滿妮維雅乳液，並調整死者姿勢，以免液態藻膠印模材料沿著他們脖頸往身體流去、沾到他們的衣服。運氣好的話，死者會躺在太平間托盤上，身上穿著醫院的紙袍，衣服等等就會換下來了。但很多時候死者已經穿上了下葬用的服裝、躺進棺材了，尼克只能花一個鐘頭小心翼翼地用黑色塑膠袋保護衣服布料，將塑膠袋塞在死者領口。他製作印模用的藍色藻膠和牙醫用來做牙齒印模的材料相同，他會將液狀藻膠倒在死者臉上，讓膠在約兩分半過後固定成「硬牛奶凍」狀。這時藻膠仍然柔軟有彈性，如果不進行補強就會崩塌或破裂，所以尼克會用石膏繃帶包裹印模，像在為骨折病人打石膏一樣做一層硬殼。二十分鐘後，他便會將石膏與藻膠一起從死者臉上取下。

「這個動作十次有九次會連著頭頸一起拉起來，你還得抖一抖，把死者的頭從模裡抖出來。」他說。有一回，某個男人的整張臉黏著藻膠被撕了下來——家屬為了之後瞻仰遺容，花大錢請人用蠟修復了死者的臉，這下已經來不及把蠟雕師找回來補救了。當時，禮儀師驚慌地問尼克是否有蠟雕修復經驗，尼克表示沒有，不過身為雕塑師他也有一些蠟雕經驗，於是他在太平間當場嘗試修復死者的鼻子、嘴脣與眼睛。「我那時候全身都在發抖。最後的成果還算過關，不過絕對沒有原本那個蠟雕師做得那麼漂亮。」

將印模放入行李箱以後，他會清潔工作區，除了洗碗之外還會將黏在死者毛髮上的殘膠挑掉。一些禮儀師會告訴他不用挑得太乾淨，反正家屬已經瞻仰過死者遺容了，他就算不將死者的頭髮梳回原樣也不會有任何人知道。但是尼克就和堅持將人臉物歸原主的泰瑞一樣，認為即使別人不知道他沒有做，他自己也會知道。因此，尼克會留下來幫死者清理乾淨，這才在藻膠印模縮水前趕回家做灌注步驟。

假如塑像只須做微調，尼克就會灌注石膏，在石膏硬化後用鑿子雕刻調整。如果是需要較多修飾的塑像，他就會灌注可塑性較佳的蠟——他可以趁蠟冷卻前輕輕將因脫水而歪曲的鼻子推正。他會接著在石膏或蠟模型上塗多層矽膠，製成矽膠模，最終再往矽膠模裡灌注聚胺酯樹脂（polyurethane resin）與金屬粉的混合物。較重的金屬會在樹脂中下沉，沉到翻模表面，形成三層菸紙厚的外層。骨肉人臉經過這樣多次轉印後，成了永垂不朽的青銅像。

你可以上YouTube找尼克製作死亡面具的影片，那段畫質不高的三分鐘影片並沒有上述流程那般簡潔，不過當時的情境也稱不上「簡潔」。二〇〇七年，尼克前往美國德州，製作一名死刑犯的死亡面具。三十二歲的阿瑪多（John Joe Amador）十三年前在計程車司機謀殺案中被定罪判刑，二〇〇七年執行注射死刑。「我深信那個人無罪。」尼克說道。他透過共同朋友了解了阿瑪多的故事。「當時的證據根本可笑至極，他卻當了十二年的死囚，每一次上訴都失敗。我聽了也很生氣。」他提議在執行死刑那天陪朋友過去，並且製作阿瑪多的死亡面具，讓社會大眾認識到死刑的恐怖與不公。他還想製作阿瑪多手臂的模型，然後在靜脈上插三根皮下注射的針頭。

死刑執行完畢後，尼克與阿瑪多的家屬從監獄太平間領出遺體（獄方不允許他在監獄太平間鑄模，「他們說：『不行，你瘋了嗎?!』」），將租來的汽車後座放平、將阿瑪多放上車，然後開往一間殯儀館，路上在森林裡一間小屋暫停。他們先前為了取得遺體，對獄方謊稱已經聯絡上那間殯儀館、等著處理遺體了。

「我們基本上就像恐怖片《十三號星期五》演的那樣，把屍體偷出來運到了林中小屋，過程中每個人都心驚膽戰、疑神疑鬼的，擔心等等就被聯邦調查局抓走。」他說：「我們兩輛車開了大概十小時才到那間小屋，其中一臺車還在路上被條子攔下來，還好那不是載屍體的車，不然我們還真不曉得要怎麼跟警察解釋。」

他們在路上拉開了屍袋拉鍊，讓太太握住他的手，這是他十二年來首次和親友肢體接觸。他的身體仍然溫暖。

德州氣溫炎熱，小屋裡更熱了，尼克擔心藻膠會太快凝固（藻膠就連攪拌時碰到溫水也可能凝固），他帶出來的膠不多，要是用完就麻煩了。他只能用冰水攪拌、加速辦事，同時為臉部與手臂鑄模，與溫熱空氣造成的凝固效果賽跑。半個小時後除下印模時，他發現冰涼的藻膠令死去的男人起了雞皮疙瘩。

尼克走出客廳，拿著阿瑪多的赤陶色死亡面具走回來，人臉背面是犰狳雕像——奪走了他性命的德州，代表動物就是犰狳。「我覺得，因為他當時還是暖的，讓我感覺他更真實了。」尼克一面說，一面將死亡面具交給我，這才深深坐入沙發。「他們如果已經死去兩個禮拜，我就會覺得那個人已經不在了，可是他們還溫暖的時候，感覺就彷彿——如果真有靈魂這東西的話，彷彿他們的靈魂還滯留在體內。」我輕輕撫摸阿瑪多的下巴，果然摸到了死人臉上的雞皮疙瘩。就如在草地上彈跳的蜥蜴斷尾，就如仍會咬合的烏龜斷頭。

「他被弄死前，我和他說了一會兒話。他那時候樂翻了。他說：『哇，你就是要幫我做死亡面具的人啊。這是國王才有的待遇耶。我以前一直以為自己是垃圾，現在我知道自己是個人物了。』」

＊＊＊

警方最終還是找到了尼克父親，他們在尼克六歲的某一天突然闖進他們家，布魯斯被關進監獄二十五年，尼克也被送往名為寄宿學校的監牢。這段痛苦的時期，他記得有一次他們到華威城堡校外教學，來到了掛滿克倫威爾[2]畫像的房間。看到一幅幅形象各異的畫像，尼克感到十分困惑。熱愛藝術的他不禁心想：以前的畫家是功力較差嗎？克倫威爾不是都請畫家將他的真實面貌畫出來，將所有缺陷都忠實呈現在畫布上嗎？還是這些藝術家都想討好克倫威爾，刻意美化了他的形象？尼克想著這些問題，轉身準備離開時，看見牆上掛著克倫威爾的死亡面具，這才得以憑親眼所見判斷何者屬實。

數十年後，尼克在父母家中翻閱關於雕刻的書籍。當時是一九九五年，父親在看英國黑道老大——羅尼．克雷喪禮的電視轉播時，尼克讀了一段關於製模的文字，書中詳述了製作人臉翻模的方法，背景是電視上的新聞畫面，群眾大費周章對這個知名罪犯道別。尼克小時候去探監時，看過和父親關在同一間牢房的克雷幾次。「他的喪禮竟然有那麼多人參加，我看了真的很驚訝。我想一想覺得很有趣，就算是罪犯也能被媒體渲染成名人。」他父親的劫盜案原本被稱為「切丁頓郵車劫盜事件」，後來被新聞媒體取了聳動的「火車大劫案」之稱，盜賊就此被描繪成了英雄人物。

「那件事讓我印象很深刻。我心裡就想：不然我來辦一場展覽好了，展示出媒體一方面詆毀惡人，另一方面又把他們當明星看待的這種對立性。」尼克不為父親過去的行為感到羞恥，但也不引以為豪。他請父親列出十個最惡名昭彰且仍在世的罪犯，他打算翻模這些人的臉，將展覽取名為「從罪人到偶像」。

一提到死亡面具，我們往往會聯想到歷史上那許多王公貴族所留下的面具，但其實過去很長一段時間，人們也出於另一種原因製作了罪犯的死亡面具。在十九世紀，「顱相學」就經常用到罪犯整顆頭的模型，這是一門早被推翻的學問，它研究人們頭骨凹凸與性格、心理之間的關係，以及他們是否天生有犯罪與暴力傾向。蘇格蘭場的「犯罪博物館」是一間不開放參觀的收藏館，收藏了原本訓練警察用的犯罪相關物品，其中包括在新門監獄外被處死者的死亡面具——謀殺妻子的

2 Oliver Cromwell，十七世紀的英國政治人物，在英國內戰中擊敗保王黨，後自命為「護國公」，實質統治英倫三島直到一六五八年去世。

丹尼爾・古德（Daniel Good）、用棍棒打死了珠寶店老闆的羅伯特・馬利（Robert Marley）等人。倫敦大學學院除了收藏邊沁衣冠整齊的骨架之外，同一條走廊某間房裡還保存了三十七張校方不知該如何處理的面具，都是某個去世多年的顱相學者留下來的藏品。其中幾張死亡面具上能看到處刑人前幾次砍失敗的斧痕，也有幾張面具上仍看得到絞刑繩留下的印痕。

不過尼克不是要製作罪犯死後的面具，他父親那張名單上的十個男人都還在世。尼克將父親當成了實驗品，希望在最終作品中父親的翻模能大張著嘴吞下一輛金火車，所以在鑄模時他請父親咬住一顆檸檬，結果不小心導致父親口部酸燒傷。尼克接著飛到巴西做了朗尼・畢格斯的印模。

那之後，他險些弄死了「瘋子」福瑞澤（“Mad” Frankie Fraser）。福瑞澤是黑社會的暴力犯罪者，喜歡使用一種特殊的酷刑：他會將受害者釘在地板上，用鍍金鉗子將他們的牙齒一顆一顆拔出來，因此也被人稱為「牙醫師」。尼克在福瑞澤鼻孔裡插了吸管，讓他在鑄模時呼吸空氣，然而福瑞澤的鼻子斷過太多次，幾乎完全失去鼻子的功能，所以插了吸管還是無法呼吸。「我鑄模到一半的時候發現他指關節發白、全身都在發抖，就問他還好嗎。他頭上被我蓋了好幾層石膏，當然聽不到我的聲音，我急得把東西全都撕下來，就看他在那邊喘氣。那傢伙寧可憋氣，也不願意打手勢投降！我那時就在想，這個男人還真是了不起。」雕像完工時，三度被證實精神錯亂的瘋子弗蘭基，以困於拘束衣的姿態呈現在世人目光下。（他本人表示自己是為了減刑而裝瘋賣傻。）

尼克父親的名單上排名第一的罪犯是喬治・「馬鈴薯」・查塔姆（George "Taters" Chatham），父親的導師，也是曾被《衛報》描述為「世紀大盜」的男人。尼克一直聯絡不上查塔姆，終於找到他時，他已經去世了——不過才剛去世不久。尼克聯繫了查塔姆的姐妹，提出製作印模的請求，過程會和製作生者印模的方法一樣，只不過不需要吸管。即使查塔姆鼻子斷了，也不會影響鑄模。

查塔姆的姐妹雖感到錯愕，還是對尼克表示她當天下午會去殯儀館瞻仰遺容，到時再將自己的決定告訴尼克。那晚，尼克接到了她的電話，她說查塔姆是面帶微笑死去，顯然在最後接受了上帝、得到了安寧——她很樂意讓尼克做印模。

「隔天，我這輩子第一次去了太平間，那也是我第一次和他見面，感覺滿奇怪的。他成了我第一張死亡面具的主角。他臉上的確帶著微笑，」尼克說道：「但是我沒告訴他姐妹，那單純是臉被下顎肉的重量拉成了微笑的形狀。」

* * *

從寄宿學校畢業後，尼克加入了海軍，一部分是因為他父親從以前就一直想加入海軍，卻因為視力不佳而沒能入伍，還有一部分是因為他從小習慣了隨父親逃避追緝，海軍浪跡天涯的生活也許很適合他。他在競技神號航空母艦（HMS Hermes）上服役，在福克蘭群島附近擔任電子武器工程師與潛水夫，四年後被調至陸地上工作。機師一般得完成固定的飛行時數才能領到薪水，而潛水夫也一樣，所以尼克為補足潛水時間加入了泰晤士沃平警局水下小組。雖然見識過戰爭，看過破碎、流血的人體，尼克還是認為和警方潛水夫每天在自家城市看見的事物相比，自己在福克蘭群島的所見所聞實在不值一提。

「他們都是群瘋子，每天上午九點就醉得一塌糊塗。我後來知道他們為什麼老是喝酒了，他們還真他媽會看到一些恐怖的東西。有時候我們在河裡找到的東西是槍，是車子，不過大部分時候都是屍體。我第一次跟他們出勤的時候，他們叫我跳進湖裡檢查車裡有沒有人，還有用鏈條勾住保險槓。我已經盡量不往車窗裡看了，可是最後還是沒忍住。他看起來真的很糟糕。」

我問他，和死者接觸、看見死者的真面目，是否改變了他對死亡的看法，還是廚房工作桌上這一張張死者臉龐仍令他感到難受。

「我能裝在腦子裡的東西有限。」他說道。此時，屋子天花板已經暗了下來。「我的童年還滿坎坷的，尤其是在寄宿學校那段時間。我很擅長把事情區隔開來，還有把一些想法關掉，不過這應該是我過這種生活的關係吧。這種事情每個人都做得到，我可能只是剛好遇到一些情況，不得不多練習這件事、變得很熟練而已。我可以把一些想法拒之門外，必要的話可以關上腦子裡的門，但我在阻擋那些想法的時候，主要都是集中精神做其他事情，讓自己分心。我總是有很多事情要忙，所以這個不成問題——或者說，這可能就是我的問題。我一個孩子對我說過，我這是在逃避現實，讓自己忙到沒時間考慮現實。」

「如果有時間讓你思考，你會覺得難受嗎？」我想起驚悚小說《鬼入侵》開頭寫的一句話：「沒有任何活物能在絕對現實的條件下，理智地長久存在。」我好奇地想，要粉碎一個人的理智，究竟需要多少現實、多少時間呢？

「我覺得應該不會有太多好處。你要是整天想著死亡，一定會很難過——特別是想到自殺而死的人，那就更難過了。他們到底為什麼自殺？我們活著有太多事情要做了，哪來的時間一直思考死亡，一直想這種事情只會讓你憂鬱而已。」

我問他，既然不想一直想著死亡，既然他透過忙碌來逃避現實，那為什麼要選擇這門迫使他和死亡現實打照面的藝術呢？他生活中其他部分都是如此熱鬧，為什麼要花費數日、數月專注於如此安靜的工作呢？

「我做的很多事情都無關緊要，而且都挺自私的。」他說：「我昨天在幫那個小女嬰的腳鑄模的時候雖然心碎，還是感覺我的人生至少不完全是我自己在吃喝玩樂。」此時的他令我聯想到波比，過去的波比成天在拍賣行賣畫，卻也想尋求更能夠滋潤心靈的工作。

「我做的是一件非常實在的事。我大部分的藝術都是為了自己，跟樂團一起演奏也是為了自尊心。我覺得我做的這件事非常、非常值得，不然我就不會做了，這有點像是我的使命。沒有別人在做這件事，我覺得要是有，我可能會說：『這件事不一定要由我來做。』我其他時候做的都是自己想做的事，能有這件我不特別想做，但感覺自己應該做的事情，感覺還是滿不錯的。」

有得選的話，尼克偏好製作生者的翻模，不過他相信生者的面具不具有靈力。可以的話，他希望自己不必做各種調整，讓人臉顯得沒那麼枯槁、沒那麼死氣沉沉。問題是，大多數人都不會想到要做臉部翻模，即使想到了，也是在親友死去過後。唯有在生命已然消逝時，他們才會想到要留住生命的精華，所以死亡面具總帶有一絲哀傷，它們只有在性命消逝後才會存在。

尼克抬頭望向父親生前的面具，這曾是全球頭號通緝犯的臉。他告訴我，有時會想將它和海格墓園墓碑上的死亡面具調換過來，那張死亡面具在陰影中總顯得哀傷，也許是眼窩的陰影所致，也許是被重力拉得下垂的五官所致。尼克的父親在五年前去世了，至今他談到父親之死仍會感到痛苦，在我採訪他這段時間，他都盡量避開這個話題。每當我問起他父親之死，他就會低頭捲香菸，問我有沒有別的問題要問他。

但就在我臨走前，他開口告訴我，他很後悔自己當時讓父親的遺體坐在椅子上鑄模。他平時不是這麼鑄模的，現在也不記得自己當時的想法了，他發現父親遺體的經過以及那之後數月的記憶，現在都已模糊不清。這些記憶被鎖在了他腦中某一道門後，他絞盡腦汁也不大能回憶起當時的事。尼克父親的死亡面具就擺在墓碑上方，換成生前翻模的頭像也沒有尺寸不合的問題——而墓碑左邊是一句手刻的「就是現在了！」（他父親在一九六三年那一夜，從貼著鐵軌的姿勢抬起頭時說的話），右邊則是「人生就是如此！」（他父親被逮捕時的感嘆）。

我下一次走訪海格墓園，是在強風吹得樹木嘎吱作響、噓根草被吹得東倒西歪的冬日。我發現，尼克父親的墓碑前多了一個小座位，其實就只是一塊搭在石塊上的木頭。我坐了下來，平視尼克的父親，凝視著那張和尼克十分相像的臉。雨水滾落他的青銅肌膚，因積累一輩子而成的細小皺紋而改變了路徑。

CHAPTER 4

# 浮游彼岸
# 災難遇害者辨認工作

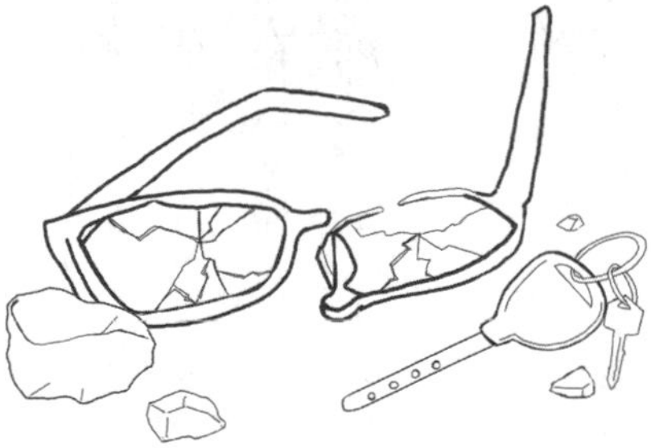

肯揚公司（Kenyon）的辦公室位於倫敦邊緣，那是灰暗工業區一幢毫無特色的磚頭建築，附近除了圓環就是停車場。這裡什麼都沒有，就只有幾間大型商店。一個身穿螢光黃背心的人站在另一片停車場對我揮手，彷彿在說：「沒錯，就是這裡喔。」之所以選擇「這裡」，單純是因為它距離希斯洛機場很近——在發生大規模死亡事件時，無論事情發生在世界哪一個角落，相關人員都必須盡速趕到場。

我以前從沒聽過肯揚這間公司。他們公司標誌的副標是「國際緊急服務」，模稜兩可的名稱讓人猜不到他們究竟提供什麼服務，不過營運經理伊汪告訴我，我對他們一無所知也是正常，我本就不該聽過肯揚這所公司。

「我們是白標企業。發生什麼災難後，你如果打電話給我們的客戶，我們就會以他們的名義接電話、替他們提供資訊給你。」我之所以找到他們公司，是因為之前想採訪偵探或警探（很多警察退役後都會來此工作），結果在找人採訪的過程中就查到了肯揚。其實肯揚公司的存在與業務都算不上祕密，官網上滿是員工的故事，談到他們的經歷與曾經派駐過的地點。

發生空難、建築燒毀或列車車禍等災難時，肯揚公司會以你公司的名義和當地官方單位合作完成後續處理。他們會代替你回應媒體的問題，幫助你傳達清楚且前後一致的發言，讓你公司內的職員專心處理極可能發生的內部問題。他們會幫你修飾官網，舉例來說，如果副機長蓄意將貴公司的飛機撞毀在阿爾卑斯山上，導致一百四十四名乘客與六名機組人員全數喪生，那在急難工作人員忙著在山上飛機殘骸中尋找遺體的這段時間，肯揚會確保你公司官網上不出現「搭廉航遊阿爾卑斯山」的宣傳照片。

肯揚會架設緊急專線，讓人來電登記親友失蹤與更新資訊。他們會派專門人員聯絡家屬，將恐怖的事件轉譯為真實但可以處理、可以理解的話語，這和用擴音器對所有死者家屬發言的公司相比要親切得多。他們會在你的官網上架設「祕密頁面」，讓家屬登入獲得即時資訊。肯揚會設立家屬協助中心，讓他們坐在那裡等待或單純有地方可待，抱著他們宗教信仰的經書祈禱，得到精神健康執業者的幫助，並以自己熟悉的語言接收新消息。

肯揚會為受影響的家屬安排交通，將世界各個角落的人送至親愛的人逝世的地點，無論是飛機、火車他們都會協助安排，甚至會用馬車到巴西森林深處將家屬接出來。他們會安排住宿，並細心地確保飯店不會在空難記者會發生的同時辦四百人大婚宴，同時調整用餐時間，將悲痛的家屬與其他旅客使用餐廳的時段錯開。他們會安排追悼式，肯揚已經有超過百年的災難處理經驗（第一次是一九〇六年，英格蘭索爾茲伯里市的運船列車脫軌事故），他們知道每一場災難都不一樣，不同文化處理死亡與遺體的方式也不同。

舉例而言，他們知道不該給日本家庭放死者身上用的玫瑰花，日本人偏好用白菊花悼念死者。所有發生過的實務問題他們都考慮過，也實際處理過了，其中包括記者偽造身分卡、溜進家屬協助中心挖新聞的情形。二〇一〇年，利比亞一座機場發生跑道撞擊事件，導致一百零三人死亡時，就有記者混進家屬協助中心結果被捕。如果肯揚受委託做火災後續的處理，他們就會要求飲食供應商避免提供烤肉。

你還沒考慮到、未來也不會考慮到的事，他們都已經想到了。你或你的公司都未曾經歷過這樣的大災難，但肯揚已然經驗豐富。

我在肯揚的開放日前來參觀，他們這天會販賣一套解決未來問題的包套方案（他們畢竟是營利公司）。今天有數十人到場參觀，分別代表航空公司、地方政府、服務業、鐵路公司、客運公司、消防服務機構、貨運公司、石油與天然氣公司等，各種可能發生大規模死亡事件的組織。在接下來七小時，肯揚將會說明這些企業為何有必要在災難發生前預先簽約購買他們的服務，並且說明提前制定應對策略對於死者家屬、公司員工與公司名聲的益處。

他們一再舉馬來西亞國際航空為負面案例：該公司在二〇一四年接連發生兩次空難，死亡人數共達五百三十七人。我們坐在摺疊椅上，揣著一包包裝著肯揚商標文具組的紙袋，周圍窗檯上擺滿了飛機模型，聽他們一再強調的訊息：世人大致上還是能接受災難的。大家沒有你想像中脆弱，他們還是能為逝去的親愛之人哀悼，還是能接受殘酷的事實。但是，大家無法也不肯接受的，是沒有為生者或死者制定合適的計畫、災難發生後反應又不適當的公司。

* * *

麥克．奧利佛今年五十三歲，人稱「麥奧」。若要警察描述他的外貌，也許會說他大約是一般身高、一般體型，戴了眼鏡，整齊灰髮修得很短，幾乎像軍人的髮型。他總是穿西裝去上班，只有被派去處理災難時除外——那時他穿的就會是應急旅遊包裡的衣物了。他隨時備著應急旅遊包，平時就放在肯揚辦公室後方那間大倉庫裡。

麥奧帶我走入一道門，門上貼著一張護貝過的A4白紙，上頭用紅色與黑色大字寫道：「停下來檢查！你乾淨嗎？」我們來到一排灰色的高鐵櫃前，旁邊架子上擺滿了摺疊式遺體防腐桌，桌子十張疊成一堆放在架上，下方那一層則是一個個攜帶式防腐工具箱。他打開一個鐵櫃，隨意拿了幾個大證物袋出來給我看，這種袋子很適合改作行李袋使用，裡頭裝了炎熱、寒冷、潮濕或乾燥氣候用的衣物，每一件衣服都摺疊整齊，每一袋衣物大概夠穿一周，他能在一周內安排別人將更多衣服送到他出差的地點。麥奧又打開一個鐵櫃，指著裡頭笑著說：「你看，這下你把我老闆的內褲看光了。」

麥奧在二〇一四年加入肯揚公司，二〇一八年成為副營運長，負責實地作業、訓練與諮詢工作，以及管理人數眾多的團隊成員。肯揚的兩千名員工包括前航空業工作者、專精傷痛與創傷後症候群的心理學者、消防員、鑑識科學家、X光師、前海軍軍官、警察、警探，甚至還有一位前新蘇格蘭場大隊長。他們有處理過航空與銀行業事件的危機管理專家，有遺體防腐師與禮儀師，有退休機師，有拆彈專家，還有一位倫敦市長的顧問。要組織末日求生團隊的話，沒有比他們更強的一群人了，只要再找個外科醫師，遇到什麼末日災難你都能和蟑螂與深海魚一樣險境求活。

在加入肯揚之前，麥奧在英國各地警察機構服務共三十年，作為資深調查警官偵辦過命案、集團犯罪案，並且參與過反貪腐與反恐行動。儘管從事了正經八百的工作，麥奧這個人卻很愛開玩笑，不是那種輕率的玩笑，而是在最黑暗境地仍然存在的幽默感。這是必要的幽默，畢竟幽默能支撐人們繼續走下去，而在肯揚，幽默感也支撐起沉重的負擔。

我們所在的大倉庫裡，存放了曾屬於格蘭菲塔居民的數千件物品。名為格蘭菲塔的公寓群焚毀後，漆黑的骨架仍矗立在西倫敦，直到後來政府用巨大的防水布蓋住它，希望大家能就此對它視而不見。無論距離格蘭菲塔大火多少時日，二〇一七年六月十四日仍然像一道新傷，深深烙印在大眾心中，象徵了政治與社會體系上下的失敗。大火造成七十二人死亡，七十人受傷，有兩百二十三人逃出了火海。災難後的審訊仍在進行，肯揚也仍在整理大樓居民的個人物品，試圖將東西歸還給遷移至臨時住所的一個個家庭。格蘭菲塔的一百二十九間公寓裡，幾乎每一間都有物品尋獲，約七十五萬件物品裝箱後從北肯辛頓搬了回來，等著由肯揚整理、清潔後物歸原主。我在二〇一九年參觀肯揚，縱使大火已經是兩年前的事了，居民物品的整理工作仍在進行中。

我方才聽麥奧說明了個人物品的重要性與潛藏的力量，而在場各組織的代表回去後也必須對上級說明這份力量，說服有錢有權者花錢尋回這些物品。個人物品不只是普通的東西，根據麥奧的說法，一個人死時帶在身邊的物品帶有情緒上的重量，而這份重量不應由我們來估量。在過去，地方機構都不怎麼在乎死者的個人物品，警察也許會將東西塞進櫃子，就這麼忘了它們的存在，或者將物品交給同樣會遺忘它們的人。(我曾和某位調查記者合作,他的書桌抽屜裡有個裝了命案被害人衣物的塑膠袋,他雖有將衣物歸還給死者家屬的打算,卻一直沒抽出時間來。)然而,死亡是會造成改變的一件事,不僅影響死者與家屬,更會改變原本放在家中的物品。就如作家尼爾森(Maggie Nelson)在記敘阿姨遇害與後續官司的《紅色零件》一書中所述,這些物品會成為類似護身符的存在。

時間又回到此時此刻,麥奧領著我走在一堆堆箱子之間的走道上,兩旁箱中盡是在格蘭菲塔尋獲的物品。「倉庫以前很擠。」他如此說道,但這間倉庫在我看來還是很擠。雖然存放於此的物品比從前少很多了,東西還是占滿了大部分空間,架上擺著數以千計的紙箱,大到無法放入紙箱的東西則分類堆在牆邊:從兒童BMX到成人用的競速腳踏車、嬰兒推車、上方掛著小玩具(讓嬰兒分心用)的嬰兒床、行李箱,以及各式燒焦與完好的高腳椅。倉庫靠前的區域是整理區,肯揚在準備歸還物品前,會先問家屬是否希望他們清潔這件物品,無論是玩具車、睡褲或硬幣都一樣。「你要是早一點過來,還會看到走道上掛滿晒衣繩的樣子。」麥奧笑著撐開雙手,動作有點像稻草人。他們搶在開放日前收拾過了,架上擺了一瓶瓶清潔劑,還有吹風機與熨斗。倉庫的這一區旁邊是照相室,畫了格線的A4紙張示範了拍攝不同物品的方式——原子筆與內衣,一隻袖子摺起、另一隻袖子攤開的毛衣。

我剛才在接待區翻看了「無關的個人物品」照片冊，裡頭照片都是在這裡拍的，照片主角則是過去災難中尋獲的無主之物。它們到現在仍保存在倉庫某處，標記了識別號碼，等待物歸原主的一天。我站在開放日的人群之中，看著其他人手拿紙盤吃三角形三明治，看著他們倒茶，心裡萌生了奇特的感覺。系統化的號碼，號碼旁的個人物品，相片冊的厚度，數千件毫無意義的物品，在某個未知的人心目中卻充滿了意義：鏡框被火焰、爆炸或兩者同時燒得變形的玳瑁框老花眼鏡、房屋與愛快羅密歐的鑰匙、禱告卡、被海水泡得鼓脹的犯罪小說。

倘若找出並聯絡上了死者家屬，家屬百分之百確定不想將物品要回來，那肯揚就會將物品所有與原主相關的痕跡消去，這才丟棄它。麥奧帶我走到倉庫靠後面的區域，這是另一個部門，只見六個穿著白色工作衣、戴著護目鏡的人用鎚子將一九九〇年代的錄影帶敲碎。我看見一個人戴手套拿著一捲錄影帶，看見錄影帶貼紙上用油性筆寫下的整齊字跡，然後它就在我眼前被摧毀了。

大火撲滅的三個月後，肯揚工作人員仍在焦黑的建築殘骸裡尋找居民個人物品，找到了一個魚缸。不知為何，儘管缺乏食物、缺乏供應氧氣用的電力，儘管上方漂了二十三隻翻白肚的魚，還是有七條魚活了下來。工作人員聯絡了原本住那間公寓的家庭，但那家人的新居所無法養魚，於是在他們的同意下，一名肯揚工作人員領養了那七隻魚。這些領養的魚甚至還繁殖了，小魚彷彿在公寓大火中浴火重生，牠被取名為「鳳凰」。

＊＊＊

麥奧原本並沒有來肯揚工作的打算，他是在結束警察生涯、準備享受退休生活時收到了肯揚的邀請。然而現在回顧過去，我們會發現是二十年前的一場行動鋪下了他今日走到此處的道路。

當時是二〇〇〇年，北大西洋公約組織為了結束科索沃戰爭而採取十一周轟炸行動，引起了爭議，而在那一年後，一些人從外國來訪，準備協助調查戰爭時的惡行。情報人員找到了亂葬坑，鑑識團隊掘出屍體後做了驗屍，並試圖辨識死者身分，將他們送回家屬身邊。調查團隊急需能支援調查五周的人手，當時麥奧負責調查命案，特別是未解命案，他習慣監督驗屍，習慣井井有條的辦事方法，也能架設這項大工程所需的電腦系統——身為優秀警察所具備的技能，讓他成了這份工作最理想的候選人。

「我飛過去，拿到一臺Land Rover的鑰匙，隔天他們就派了一支三十人團隊來給我差遣。」即使是現在對我說故事時，他仍然瞪大了雙眼。和北倫敦亨頓區相比，科索沃的亂葬坑可是截然不同的世界，他說：「老天啊。」

四年後，斯里蘭卡在十二月二十六日發生海嘯時，倫敦警察廳派人過去協助辨識數以千計的死者。麥奧曾在科索沃成功辨識了不少人，其中包括屍體幾乎完好的死者，也包括只剩白骨的死者，於是警察廳將他派到斯里蘭卡，讓他負責不同國籍死者的辨識工作。麥奧在斯里蘭卡待了六個月，在這睡眠不足的半年間，他認識了其他災難處理人員，許多合作者就是多年後終結他退休警官生活、給了他肯揚公司這份長期工作的人。

肯揚開放日過後兩周，辦公室比先前安靜了不少。我們坐在麥奧的辦公室裡，他對我談起自己經手過的其他案件：二〇一五年飛機撞阿爾卑斯山事件、二〇一五年導致三十八人死亡的突尼西亞大規模槍擊事件、二〇一六年墜入地中海導致全員死亡的埃及航空804號班機，以及二〇一六年在杜拜機場墜毀卻只造成地上一人死亡的阿聯酋航空飛機。他告訴我，即使航空公司事前制定了災難應對計畫，也會犯下一個明顯的錯誤：他們都以為事故會發生在自家機場，沒有人考慮到不同國家基礎建設與財富上的差異。

辦公室擺了幾張他在警政機構工作時的照片，架上除了大規模死亡事件的處理手冊之外，還放了幾件雜物。我指向其中一件物品：一個上了亮光漆的小木架上，掛著一把破舊的掛鎖，鎖上還貼了同樣破舊的手寫標籤。我問起這個鎖的來歷時，麥奧說道：「這是我們在斯里蘭卡最後一天取下的一把鎖。」他將掛鎖從架上拿下來，放在我們之間的桌子上。它原本掛在某個四十英尺高的冷藏貨櫃上（類似卡車拖拉的那種貨櫃），貨櫃裡裝著二〇〇四年海嘯過後尋回的無名屍。在六個月心靈疲勞的工作過後，他們辨識出最後一具屍體的身分，終於將貨櫃清空時，斯里蘭卡的驗屍官將最後一把掛鎖送給了麥奧。

「那對我們大家來說都是非常重要的時刻。」他說：「我們意識到工作終於完成，那些人也終於可以安息了。」

那場海嘯中，滔天巨浪襲捲印尼、泰國、印度、斯里蘭卡與南非海岸，導致二十二萬七千八百九十八人死亡，光是斯里蘭卡的死亡人數就超過三萬。當地政府擔心眾多遺體暴露在熱帶氣候下會造成衛生問題、影響生者的健康，於是開始迅速掩埋屍體。罹難者遺體被埋入萬人坑，許多掩埋處都位於醫院旁，醫院裡的人還能看見外國派遣人員前來掘屍，尋找各自國人的遺體。「斯里蘭卡政府不希望大規模辨識本國人。」麥奧解釋：「他們很多是佛教徒或印度教徒，覺得罹難者都埋入萬人塚就好了，不必再多做什麼。但是當地官方機構和政府也知道，外國人沒辦法理解這種文化，外國政府也不會希望國人永遠葬在那些萬人塚裡，所以當地政府盡量記錄了明顯是外國人的罹難者埋葬在哪些位置，表示願意和我們合作辨識遺體。」

英國警察與鑑識官輪班調查了埋葬外國人的萬人塚所在處，將遺體挖了出來，約三百具無名遺體裝進了冷藏貨櫃裡，等著接受驗屍與辨識。調查人員蒐集了各國罹難者死前的牙齒、ＤＮＡ、指紋等資訊，試圖在貨櫃中尋找與資料相符的遺體。問題是，蒐集數百名失聯外國人的死前資訊可不簡單，我們在肯揚公司的開放日就聽過麥奧的解說。麥奧告訴我們，你根本不知道自己能不能找到遺體，也不知道找回來的遺體會是什麼狀態，所以必須盡量取得關於那人全身上下每一個部位的資料。舉例而言，你可能知道某人手臂上有刺青，但如果你沒找到這個人的手臂呢？或者說，你也許以為某人擁有獨一無二的刺青，事實卻並非如此呢？在一次事件中，麥奧赫然發現卡通人物「威利狼」是某個海軍陸戰運輸隊的吉祥物，擁有相同刺青的人多達數百個。

除此之外，發生爆炸時所有人的個人物品可能會全部混在一起，你在某人身上找到的錢包與證件可能不屬於這個人，你只能質疑自己所看到的一切。為了示範，麥奧讓我們和旁邊的人兩兩一組扮演不同角色，模擬蒐集生前資訊的情境。

他要我們記下任何醫療植入物，例如心臟節律器、乳房植體等，因為這些物品都有獨特且可追蹤的序號，對於辨認遺體而言非常重要，他不久前就以人工膝蓋骨為根據，辨識出了某個死者的身分。換言之，那個男人全身上下最容易辨識的部分，竟然是他的膝蓋。在角色扮演時，我扮演我媽媽，提供一些關於我的資訊，我身邊那位沉默寡言的防火監察員則扮演肯揚員工的角色。我列出了身上各處的可辨識物：兩條腿各兩枚膝關節手術的骨釘，左大腿一塊淡淡的胎記，手腕上因青少年時期氣得砸爛窗戶而留下的疤痕，我騎著粉紅色三輪車撞上垃圾桶時在肩上留下的一道白疤。

在這裡回答種種有助於辨識我遺體的問題時，我才發現自己對家人說得很少，他們不知道我的家醫、牙醫是誰，不知我是否抽過血、何時抽過血，不知道我是否接受過各種治療，不知道我是否將DNA送至基因技術公司做過檢驗，也不知道我進出工作地點是否需要按指紋。我想像爸媽將片片段段的資料提供給家屬聯絡人員，彷彿努力從口袋掏出一丁點棉絮。我想像太平間工作人員在屍塊之中翻翻找找，試圖找出那些童年留下的舊疤。在我看來，這無論是時間上或金錢上都所費不貲。

「當地政府不特意辨識本國人，真的是單純因為宗教上的原因嗎？」此時坐在麥奧辦公室裡的我開口問道：「還是因為罹難者都是窮人？」

「這件事一定有受政治因素影響。」他說：「那場海嘯發生時，泰國的死亡人數比斯里蘭卡少得多，可是卻有很多外國單位到泰國尋人。為什麼？因為他們決定要把『所有人』都辨識出來，整個過程花了十八個月到兩年。這會不會是因為其中很多罹難者是有錢觀光客呢？多少有這個考量吧。」他微微聳肩，彷彿在說：事情總是和錢脫不了關係，而金錢的事他可沒辦法作主。「這就表示，國際社會有更多人關注泰國的災後處理。在災難發生時，不管是處理方法或應對用的資金，都一定和政治脫不了關係。」

另一件與當地人貧窮程度相關的案子，是菲律賓的海燕颱風。海燕颱風是史上最強的熱帶氣旋之一，它在二〇一三年十一月登陸菲律賓，將汽車像石子一樣吹得到處飛，許多建築物被吹垮，甚至有許多城鎮被整座沖走，光是在菲律賓就有至少六千三百人喪生。根據市政府官方估算，獨魯萬市約百分之九十被毀了。風災才剛結束，麥奧的團隊就立刻趕往獨魯萬，來到這座幾乎只剩斷垣殘壁的城市。兩年後，方濟各教宗甚至在造訪獨魯萬時，在機場前率三萬民眾望彌撒，盼能使當地人民重拾希望。

我告訴麥奧，記得自己當時在《紐約時報》看過相關報導，說罹難者遺體曝屍數周。聽我提起此事，他黯然別過了頭，彷彿至今仍無法相信自己親眼所見的畫面。

「海莉，當時的照片我還留著。」他繞到辦公桌後面，一陣尋找與咒罵過後在電腦上點開了投影片。照片中是他們的工作總部：一幢只有一間廁所、無人使用的建築，一些薄布搭建的帳篷被他們當臨時停屍間使用，都是當地政府就地取材搭成的。他們的臨時停屍間缺乏一般太平間應有的工具與器材，也沒有冷藏設備，其中一座帳篷上印了「我♥獨魯萬」的字樣。總部旁是一片蚊蟲密集的沼澤地，數以千計的屍袋排列在地上，在高溫下膨脹、爆開。獨魯萬當時的平均氣溫是攝氏二十七度，濕度約百分之八十四，在如此濕熱的環境下，屍體腐爛分解的速度很快，過程中釋放的氣體導致塑膠袋爆裂，原本的內容物溢到了沼澤地的水灘裡。我問麥奧當時聞到了什麼氣味，他默默思索半晌，彷彿從未想過這個問題。「老實說，我的嗅覺好像不怎麼靈敏。」他從電腦螢幕移開目光，對我說道：「這應該對我的工作很有幫助吧。不過在斯里蘭卡的時候，我們有一次在路上開車十四小時，那段時間我一直都能聞到死亡的甜膩味道。」

麥奧一頁頁翻著投影片，秀出更多照片：麥奧親自從菲律賓一座潟湖裡撈出了三具屍體。他們並不是被颱風吹到湖裡，其實是當地一名警員懷著好意將他們丟到湖裡的，因為原本三具屍體都暴露在空氣中持續腐爛，他不過是想為倖存者掩蓋死屍的氣味與駭人畫面罷了。結果，三具屍體被他投入最近的水源後，附近所有人都無法飲用潟湖的水了。三名罹難者身體腫脹、蒼白，面朝下漂在水中，麥奧等人用兩塊木板墊在骨盆與兩條手臂下，將一具癱軟的屍體從水裡拖了出來，用小艇運上岸。死者背上的皮膚光滑而腫脹，身體前側與面部卻被動物啃得只剩骨頭了。「我們以前打撈空難罹難者的遺體時，也看過有人被鯊魚咬掉了幾口。」麥奧一面說，一面點過一張張投影片——大自然就是如此。平攤在防水布上的三具屍體；麥奧抬起一名罹難者的腿，指著綁在那人腿上的藍繩，之前那名警員就是將繩索綁在屍體腿上，想將屍體固定在湖底，讓他們就此消失。

他加快速度點過一張張照片，想讓我明白他當時的想法。當時的他看著排滿整片沼澤地的屍袋，滿腦子想的是：我覺得這次真的沒辦法解決了。這些是颱風過境一周後拍的照片，這時屍袋裡已經滿是棕色液體，乳白色肋骨凸出了濃稠汁液，液體裡還能看見許多蛆蟲。一顆顆人頭失去了可辨識的五官，癱軟的頭髮黏在臉頰與眼睛上。更多穿著泳衣的浮腫屍體，排列在離海灘十分遙遠的地方。大人、小孩都有。我聽麥奧介紹他的工作已經聽了數小時，但此時看著這幾張照片，我才終於認知到遺體辨識的困難度。

這些並不是溺水後從湖裡撈上來的人，而是迅速腐爛的骨肉，沒有臉，更找不到刺青。往好處想，至少每個人都很完整，而不是飛機殘骸中的四十七塊碎屍，麥奧理論上還是有機會憑ＤＮＡ或牙科紀錄辨識出所有死者。問題是，海燕颱風不僅剝奪了這些人的性命，還毀了他們的家園，同時毀了蒐集任何生前資料的可能性，麥奧的團隊無法從死者家中找到比對ＤＮＡ用的毛髮或牙刷，無法從鏡子或門把採集死者的指紋樣本。此外，一個人越是貧窮，就越不可能去看牙醫，更不可能用指紋驗證的方式進出辦公大樓了。

儘管如此，面對數以千計的罹難者，菲律賓的驗屍團隊還是以每天約十五人的速率處理死者，蒐集永遠無法、永遠不可能用以辨識他們的死後資料。他們沒特別考慮這一切可能代表的意義，就只是按部就班地進行驗屍工作。麥奧認為將這些遺體暴露在戶外、任他們腐爛有違人道，而且當地政府沒有規劃辨識死者的計畫，外國政府都對此不感興趣，因此沒有資金投入這份工作。當時情境已經對倖存者造成沉重的心理負擔了，沒必要讓他們繼續看著罹難者遺體在戶外腐爛。

「我當然還是很尊敬那些嘗試辨認遺體的人，但我得到的結論是，那是不可能的任務。我想說服他們個別掩埋遺體，可能取一顆牙齒之類的東西比對用。」牙齒是最容易保存的人體部位，比起完全放棄希望，也許保留未來辨識死者身分的一絲希望會好一些。「最後，所有外國人回家過聖誕節的時候，他們當地用挖土機把遺體都埋了。他們也發現沒辦法做到更多了。」

＊＊＊

數個月前，我在倫敦南部那間春光明媚的太平間裡，和禮儀師小心翼翼地將亞當移到工作臺上，輕輕脫下他的T恤後摺疊整齊，等著歸還給他的家人。此時坐在麥奧辦公室裡，我回想起亞當，赫然意識到一件事：「有條不紊」的處理方式，對於預料之中寧靜的死亡與大規模傷亡事件，是截然不同的兩種意義。有些時候你能體貼地考慮到個人感受，有些時候你只能盡己所能。每一場災難的處理方法都不同，不過還是有些基本不變的要素——而這一切就和大部分知識一樣，源自他人在過去犯下的錯誤。

一九八九年，名為「侯爵夫人號」的小派對船在泰晤士河上沉溺，這是曾在一九四〇年敦克爾克撤退行動中協助救援士兵的船隻。侯爵夫人號半夜在泰晤士河上和大型採撈船「包貝兒號」相撞，在三十秒內沉船，導致五十一人死亡（其中大多是三十歲以下的青年）。船難的後續處理也完全稱得上災難，結果這起事件從此改變了災難發生後處置屍體的官方做法。

根據當時負責倫敦與英格蘭東南部地區的鑑識病理學者薛賀德（Richard Shepherd）所述，這是造就革新的一系列災難之一，其他改變官方處理辦法的災難還包括列車車禍、大規模槍擊案、點燃的火柴掉入國王十字車站電扶梯的縫隙（我每周都會行經車站內一塊悼念罹難者的紀念匾牌）。這許多事件都導致數百人死亡，也揭露了系統上的重大疏漏，改變了企業與政府對於訓練、風險與責任、健康與安全的態度，澈底更改了種種規範。

麥奧並沒有參與侯爵夫人號事件的後續處理，他當時是個年輕警員，在不同地區工作。儘管如此，他還是從書架上取下一冊資料：《重大交通事故後罹難者辨識之公開調查報告：克拉克法官書》，侯爵夫人號事件發生十一年後發表的一份報告。麥奧解釋道，侯爵夫人號沉船所造成的一波波影響持續了數十年，而這一切的根源是過去割下死者手部的慣例。

「遊民——我們以前稱他們叫乞丐——在泰晤士河裡溺死以後，可能過個兩、三天才會被撈上來，那時候他們已經全身浮腫，沒有人認得出他們是誰了。」麥奧解釋：「任誰在水裡泡那麼久，都會變成那副模樣。」無論是否發生在近期，死亡都會改變人們的外觀，所以僅憑視覺辨識屍體不但不切實際，還十分不明智。根據報告中引述的鑑識病理學者奈特司令（Bernard Knight CBE）所言，死者近親經常懷疑、否認或誤認死者的身分，就連新鮮屍體也經常被誤認。重力會拉扯死者的五官，和堅硬平面接觸的身體部位會被壓平，浮腫與蒼白臉色會扭曲死者的臉，將那個人變形成你認不得的模樣。人活著時處於動態，他們的面部表情、移動方式、和你的眼神接觸，都會影響你對他們的印象，而在動態消失後，剩餘的部分可能會顯得無比陌生。

一般而言，從泰晤士河撈上來的死者，往往是生前曾被逮捕過的人，警務資料庫已經存有他們的指紋，即使只用指紋辨識，也能在短時間內查出死者身分。問題是，一具屍體在水中泡一段時間後，指紋辨識會變得困難許多，他們的皮膚像洗澡泡太久一樣皺在一起，無論是什麼種族的人膚色都會變白，幾乎不可能找到指紋了。「所以呢，在這種時候他們會把死者的手切下來。」麥奧說道：「把手放到指紋實驗室的乾燥櫃裡，等手乾了以後再採指紋。」

侯爵夫人號沉船後，大家將小規模死亡事件的辨識策略用於大規模事件，但那場災難的罹難者都不太可能是被警方登記過指紋的人。罹難者因為泡了水，手部皮膚開始鬆弛、脫落，警方越來越難採得他們所需的指紋了。南華克市一間實驗室的指紋採集器材較太平間的器材先進，卻沒有適合停放遺體的空間與環境，於是警方和平時打撈泰晤士河溺死者的做法一樣，只切下了罹難者的手做指紋辨識。

切除手部這種做法引起了更大的問題：不知情的家屬看見死者不知為何少了手部而大感震驚，還有一些罹難者的其餘部分土葬或火葬多年後，太平間工作人員才在冷凍庫角落找到他們的斷手。「他們是真心誠意想辨識死者，也照著平時的方法去做了，可是過程應該沒有協調好。」麥奧推測道。克拉克的報告也支持麥奧的論述，克拉克在報告中用了五十六頁篇幅探討決策前的每一個步驟，以及最終切除罹難者手部的決策過程。剩下兩百多頁則是列出了未來處理同類型案件的原則：如何辨識遺體、不同單位與人員的職權、對待罹難者家屬的方式，以及對家屬揭露案情的原則。

「我們現在有所謂的『辨識標準』。通常就算只有ＤＮＡ、指紋或牙齒還是能做辨識，除非有什麼排除這些證據的因素，或是無法解釋的差異。我之前在太平間從明顯是女人的遺體身上採到了男人的ＤＮＡ，這就很明顯是汙染造成的。你得從各個角度考慮這些病理學檢驗結果。」

侯爵夫人號船難後，官方只允許部分家屬去看罹難者遺體。禮儀師與警察表示，他們收到了不讓多數家屬看遺體的指令，無論遺族有多堅持要都不放行。病理學者薛賀德直到事後才得知此狀況，他猜官方人員想必是懷著「不合時宜的同理心」做了這個決策，他們也許認為家屬已經過於悲痛了，看見腐爛的遺體只會更加悲傷。「但是，」薛賀德在他的回憶錄《傾聽死亡現場》中寫道：「那人顯然不明白，『沒』看到遺體反而會使人更加難受。」

我對麥奧問起瞻仰遺容的問題。考慮到他親眼所見並展示給我看的這一切，他會不會阻止家屬去看他所看見的事物呢？

「在這個國家，人有瞻仰遺容的權利。」他說：「有時候遺體可能會用布或其他東西蓋起來，有時候只會露出身體一部分或是臉部，但還是會讓家屬待在他們身邊。但是，因為我們處理的事件有時只會留下大量屍塊或只剩很小很小的部分，我們會在早期就告訴家屬，遺體可能不太適合觀看，不過我們會對家屬解釋『為什麼』，這就和直接拒絕讓他們看遺體不同了。」

在說明原因時，家屬聯絡員必須謹守誠實原則。在空難過後，肯揚會詢問家屬是否希望在每次發現並辨識出新的遺體部位時收到通知——換言之，你會想在他們找到第四十七塊時接到第四十七通電話，還是在找到可辨識的第一塊時收到通知就夠了？肯揚有時會詢問家屬是否想留存罹難者的一綹頭髮，但有時家屬不會有保留頭髮這個選項，畢竟連頭部都找不到的話，就不可能剪下死者的頭髮了。有時事故過後尋獲的遺體過於殘破不全，會讓家屬無法完成特定宗教的喪葬禮俗。你如果不誠實說明狀況，家屬可能會無法理解你的苦衷。

「在埃及航空804號班機空難過後，我去了埃及。我第一次去到存放遺體的地方，就看到六十六具遺體放在三個家庭式五層冰箱裡，其中最大的部位也就只有橘子那麼大。在辨識工作結束後，肢體最完整的那個人也就只有五塊殘骸而已。這對伊斯蘭教家庭造成了很大的困擾，家屬想要到場清洗遺體，可是沒辦法，我們尋獲的遺體就只有殘塊的殘塊而已了。話雖這樣說，辨識出一個人、找回他或她身體的一部分，這還是非常重要的。」

＊＊＊

回想肯揚公司開放日，在一小段休息時間後，蓋兒．敦翰女士上臺致詞，這位老太太七十多歲，她是全國空難聯盟／基金會（National Air Disaster Alliance/Foundation）的執行董事——該基金會是由空難倖存者與罹難者家屬組成的團體，旨在提升飛航安全、保障與存活力標準，以及支援罹難者家屬。從肯揚員工的神情看來，她今日能來此致詞似乎非常難得，這位言語直白、謙恭有禮的女士不僅熟悉航空公司的內部運作（她曾在美國航空工作二十七年），也深知在空難中失去親人後被航空公司不當對待的感受。

在一九九一年三月，聯合航空585號班機——一架波音737-200飛機——準備在科羅拉多泉降落時忽然向右翻滾，機頭幾乎垂直地面下墜，整架飛機最後墜毀在機場南方一座公園。墜機現場的照片中，草地被燒得焦黑，飛機碎片小得彷彿整架飛機都蒸發消失了。罹難者包括兩名機組人員、三名空服員及二十名乘客，無人倖存。敦翰的前夫就是那架飛機的機長。敦翰同時身為內部人士與為親人哀悼的外部人士，在開放日發言的唯一目的就是直接告訴在場數百家航空公司的代表：別再使用「結束」這種說法了。「結束」是保險公司愛用的詞語，對死者家屬而言卻毫無意義，事故在他們心中永遠沒有結束的一天。

既然事件不可能真正結束，那對倖存者與死者家屬而言，遺體的存在究竟為他們新的「正常」生活增添了些什麼？我們究竟在尋求什麼？遺體又能如何幫助我們找到我們要找的東西呢？我們想尋回死者遺體，這是所有人的共識，但真正找回遺體後，許多人必須經過一番掙扎才能正視遺體，有些人甚至會拒絕去看死者。一些人因宗教信仰的緣故，不大重視死者遺體，因為死者的靈魂已然消失，那個人如今存在於另一個較為美好的世界了，留下來的軀殼不再重要。在發生大規模死亡事件時，在戰爭中，在自然或人為災害發生時，花費巨資將完整或破碎的遺體歸還給家屬，這又是為了什麼？既然在喪禮上除了抬棺人之外無人知道棺材裡是否裝了遺體，那遺體的存在究竟有什麼意義呢？

西班牙的佛朗哥高地酋（General Franco）在將近四十年的獨裁統治過後於一九七五年去世，當時西班牙政府決定不一一條列他過往的罪行，例如歷史學者所謂的「西班牙大屠殺」，其中死亡人數多達數十萬，而是改為聚焦於西班牙的未來。他們投票通過了法定集體失憶症般的「遺忘協議」，此後不會有人因佛朗哥統治時期造成他人痛苦與傷亡被起訴，全國都將忘卻那一段歷史，繼續向前走。西班牙不會像德國那樣將集中營改建成紀念館，或在法庭上審判當年的官僚——為他們命名的街道不會更名，官僚仍會繼續掌握權勢，過去一切惡政都彷彿沒發生過。

在遺忘協議下，從前被佛朗哥手下軍人埋入亂葬坑的人都只能繼續埋在地下，沒有人能違背法令、重新發掘過往。一些家屬大致知道受害者遺體的埋葬處，不時會將鮮花拋到圍牆內，或者用束線帶將花束綁在路邊的防撞護欄上。即使不知道親人遺體的確切位置，他們還是被吸引到了親人可能的埋葬處。阿森松·門迭塔的父親在一九三九年被行刑隊槍殺後丟進了西班牙眾多亂葬坑之一，一直到二〇一七年，門迭塔九十二歲時，她才終於得知父親的埋葬處。在西班牙政府憑法令壓下相關案件的情況下，有人改在阿根廷發起訴訟（危害人類罪的訴訟不受限於國界），後來政府決定開挖門迭塔父親所在的亂葬坑。當門迭塔接獲消息，得知父親將會被DNA檢驗辨識出來時，她說道：「這下，我終於能安心離開人世了。就算他只剩一根骨頭或一粒骨灰，我還是終於能看見他了。」

門迭塔的父親在當初被射殺與掩埋的墓園亂葬坑中被尋獲，墓園牆上至今仍看得見當年留下的彈孔。門迭塔終其一生都在爭取挖掘父親屍骨的權利，而尋回父親遺骨的一年後，她自己也去世了。

看見遺體的那一刻，就彷彿來到了哀悼路途中一塊里程碑。我們也許會安慰為死者哀悼的人，說只要死者仍活在你心裡，那個人就沒有真正死去——這句話在許多方面都屬實。在你看見兒子或死去的嬰孩遺體前，他們在你心裡似乎還活著，你再怎麼理性地告訴自己他們已經死了，都無法改變心中這不理性的念頭。在發生空難時，你幾乎能說服自己他們仍然在世，也許他們沒在撞擊中死亡，而是漂流到某個熱帶島嶼，到現在還在努力用石頭與木材拼出「SOS」字樣，默默等待救援。在沒有親人遺體的情況下，你會受困於死亡的薄暮時分，無法在全然的黑暗中接受與放下。

「真正困難的，是這個階段的中間狀態。」麥奧說道：「你不知道遺體在哪裡，甚至不知道親人會不會有被辨識出來的一天，也不知道遺體什麼時候能送回來。你看不到一般死亡的重要里程碑：正常情況下，如果你的家人快死了，你會看到他病得越來越嚴重，最後死在醫院，你也會去參加他的葬禮。他可能在死前會對家人說些什麼。這也是命案讓人難以接受的原因：命案發生得太突然，你根本沒料到這個人會死去。我以前處理命案和現在處理災難的時候，都是對家屬說：『請聽我說，我會盡可能查出事情真相，把真相告訴你。』我其實受同一種力量推動，想查出到底發生了什麼事，想知道該怎麼把真相告訴家屬。有時候，真相真的很可怕，但家屬就是想知道真相，我們也會把一切都告訴他們。」雖然無法滿足家屬所有的願望，你在尋回死者遺體時，還是能幫助家屬逐漸走出傷痛。

此時此刻，麥奧的應急旅遊包所有內容物都在地毯上排開，旁邊則是裡頭空無一物的棕色皮革行李包。他在等空難罹難者的DNA檢驗結果，明早就會飛往美國，去確認每一個屍袋裡的遺體各部位都正確無誤。地上一個三明治袋裡裝了印有肯揚標誌的空白標籤，麥奧會親自在標籤上寫下辨識出的死者姓名。他從事發開始便撥了無數通電話給罹難者家屬，將目前掌握的情報告知他們，並一一說明後續步驟——尋回遺體後，火葬、土葬或其他處理方式都由家屬決定。放置於太平間的遺體歸還給家屬時，麥奧也會在場，小小一袋殘骸還是會裝在一般形狀大小的棺材裡。

我想知道這一切對麥奧本人的影響。他看見堆在萬人坑裡的死者，看見在屍袋裡腐爛或封在罐子裡的人，內心會發生什麼變化呢？麥奧告訴我，他對死亡的感受並沒有改變。「死亡是生命的一部分。」他說：「我們就是會死。」然而，這份工作確實改變了他的價值觀；在見證了他所見證的一切後，事物在他心目中的重要性排序變了。在斯里蘭卡的海嘯之前，麥奧表示自己很重視警政工作與官僚體制下的表單、規章與條例等，但從斯里蘭卡歸國後，那些事物不再重要了。「這大概對我的事業造成了不少傷害吧。那些形式上的東西，那些表面工夫，我全都不在乎了。我也沒有生氣，就只是不肯再做那些而已。」

工作經歷加深了麥奧對於人們情緒、心理與身體極限的認知，舉例而言，他的一名下屬在離開斯里蘭卡後仍為創傷後症候群所苦，可能再也沒辦法重回職場了。「那是我的失敗。」麥奧嚴肅而直白地說道：「他在我手下連續工作了大概三個星期，中間連一天休息時間也沒有。他的性格太脆弱了，一開始就不該派他過去工作。」那名下屬沒能得到工作結束後的心理照護，只拿到內政部發的一筆錢。肯揚一向謹慎挑選派外處理事件的員工，且無論在工作過程中或結束後都提供心理健康方面的支援，麥奧目前就在為負責格蘭菲塔案的員工準備後續報告。在科索沃時，麥奧看見挖掘團隊中的某位志工天天爬進萬人坑裡掘屍，那人雖然天天嘔吐，卻仍然堅持工作了兩周，說什麼也不願放棄——麥奧從這份經驗中學到，一個人即使有意願工作，也不一定足夠堅強。工作人員除了需要實務技能以外，還需要極強的情緒復元力，不能是近期失去親友的人，也不能是在自己生活中經歷了冤枉或委屈而欲透過這份工作導正錯誤的人。

麥奧自己也不是完全沒受這份令人喘不過氣的工作影響：在二〇〇九年，他還未加入肯揚公司時，曾被警政機關派至巴西，負責辨識法國航空447號班機空難中死亡的兩百二十八人；那是他第一次目睹空難現場。上司要求他結束巴西的工作後，回去接著輪值處理命案，所以麥奧清晨六點在希斯洛機場落地後就立刻開往警局，結果路上發生了車禍。「我的世界都變了，我沒辦法專注於這些事情。在這種工作結束後，人都需要花一段時間休息和恢復狀態。」

話雖如此，麥奧似乎很少休息，他說他無時無刻不忙於工作。在斯里蘭卡和他共事的那些人後來大多再也沒處理大規模死亡事件了，他們後來還每年辦烤肉會、確認彼此的近況，但麥奧就不同了，他後來又被派到了一個又一個大案件現場。他每一次搭飛機都會全程穿著鞋子，每一次都會注意逃生路線，也每一次都將飛安影片從頭看到尾。現在的他在這間辦公室工作，離此僅僅數英尺的倉庫裡存放著被燒死在家中床上的罹難者焦黑的遺物。我有些好奇，他是否和死亡面具雕塑師尼克・雷諾茲一樣，若靜下來思考這些便會被排山倒海的回憶與情緒淹沒？「你怎麼跟我太太問一樣的問題？」他笑吟吟地說。

我收拾東西準備離開時，麥奧問我，我採訪過的人當中，有沒有誰對「你為什麼從事這份工作」這個問題提出了好答案？從我剛來到現在，麥奧的態度稍微變了，他不再顯得頑皮，看上去似乎在沉思。我們在先前數小時對話中努力探討了他為什麼有能力從事這份工作，他一直堅稱自己不過是個「簡單的粗人」，沒什麼有深度的內涵，他會來到此處也沒什麼特別的原因。

「我相信在我的表面下，也就只有更多表面而已。」他一再開玩笑道，邊說邊拿起寫著「完美女兒」的馬克杯喝茶。但他也沒頭沒腦地告訴我，他經手的命案沒有一樁沒解決的。他身後的牆上，掛著一句裱框的格萊斯頓[3]名言：「將一個國家照顧死者的方式展示給我看，我便能精確量測該國人民的溫柔慈悲、對法律的遵從，以及他們對高尚理想的忠誠心。」

我告訴麥奧，過去數月，許多自認為沒有特別理由的人都給了我各自的理由，不過這些理由的核心都一樣：他們想要幫忙，想要做自己心目中正確的事情。

3 William Gladstone，十九世紀的英國政治家，曾四次出任英國首相。

他們無法扭轉死亡，不過他們可以改變大眾處理死亡的方式，給予死者尊嚴。我對他說起妙佑醫院的泰瑞——雖然不做也不會有任何人發現，泰瑞還是堅持要熬夜在解剖實驗室待命，等著將大體的臉物歸原主。麥奧默默點了點頭，朝辦公桌對面的我靠過來，最後一把貨櫃掛鎖仍躺在我們之間的桌上。「就算是死了，人還是應該要有身分的。你說是不是？」

CHAPTER 5

# 慘狀
# 犯罪現場清潔工

在美國，暴力死亡事件發生後，不會有政府機構前來清洗血跡，讓屋主或死者家屬免於面對血腥的場面。屍體抬上運屍車，筆錄都做完，指紋採集完畢，封鎖線也拆下來後，你只能獨自面對一片狼藉的現場，以及現場的死寂。處理現場的人就是「家人、朋友，要不然就是沒有人清」——這是一位犯罪現場清潔工告訴我的。尼爾・史密瑟無論說什麼話，都有種「幹，事情就是這樣啊」的調調，令人聯想到加州常見的吸毒者。在從事現在這份工作前，他擅長做的事就是「打炮、吸大麻跟坐在海灘上」，而他過去二十二年都在清潔死亡與犯罪現場，每天二十四小時待命。此時此刻，他坐在一間油膩的餐館裡，身旁是一疊白餐巾紙，他身上穿著乾淨的藍色牛仔工作衫，胸前口袋繡了個生物危害標誌。我詢問看遍各種死亡的他：最糟的死法是什麼？

「沒做好準備就死掉。」

他大部分時候都在為未做準備就死去的人進行事後清潔，這些人沒料到自己會被殺，沒料到自己會在睡夢中死去、一直到繳房租的日子到來才有人發現他們腐爛的屍體，他們都沒料到人生會錯得如此離譜。他的手機每幾分鐘響一次或震動一次，又是新案子找上門了，但他無視這些訊息。尼爾個子矮小，頭髮理得很整齊，眼鏡擦得很乾淨——我們對話這段時間，他就把眼鏡摘下來擦了好幾次。他又向服務生要了一疊紙巾，她給了尼爾大約十張。尼爾兩度湊上前拿紙巾，擦拭我看不見的髒汙。他說話時言語粗率、話音響亮，但餐廳烤架的滋滋聲蓋過了他一些話語，他不得不重複其中幾個字詞，惹來附近其他人的側目。「腐爛。」他提高音量說道。「腦袋。」他重複道。「假陽具。」

「命案現場幾乎一定會出現三種東西。」尼爾豎起三根手指說道，接著若無其事地將手指扳下來，彷彿在玩「猜猜我是誰」。「黃色書刊或是某種成人用品——有的很普通，有的很……呃，你懂的。再來是某種酒或是藥物，可能是氣體，可能是長期用的藥，各種都有。第三個就是武器。真的比較有變化的就是『性』這一部分了，不是每個人都會把假陽具擺在衣櫃上，可是一定就在房間某個角落，我一定可以找到它的。」我猜他說得太誇張了，怎麼可能每一個命案現場都有假陽具？從他對我投來的眼神看來，他似乎覺得我不是低估了這些人，就是高估了他們。「我們到場的時候，生命已經結束了。」他說道：「不過他們沒有做最後的清潔。」

尼爾的公司——犯罪現場清潔有限公司，是介於正常表象與醜惡展示物之間的那條線，他就像是「重置」按鍵，讓你得以在命案過後售出房屋，或在警局拍賣會上售出被沒收的車子。在這類公司存在以前，當事人只能親自動手，盡量將血跡刷洗乾淨。而現在呢，你可以一通電話打給尼爾，他就會在一個鐘頭內開著卡車出現在你家門口。你可以別過頭，可以去喝杯咖啡，暫時離開現場。等你回來時，現場就彷彿不曾發生過命案一樣完好如初。

我之所以採訪尼爾，一部分是想了解他的工作，但主要是因為我找到他的方式和找到其他採訪對象的方式不同。尼爾和一般人一樣透過網路打廣告，還販賣帽T、T恤、毛線帽等周邊商品，上頭都印有犯罪現場清潔有限公司的標誌。他自己的前臂也刺了這個標誌，周圍是滿滿的骷髏頭與公司標語：他殺、自殺、意外死亡。他的Instagram帳號是@crimescenecleanersinc，追蹤人數接近五十萬人，自我介紹則寫著：「你嘴我，我就封鎖你。」他常在Instagram貼深度清潔前後的照片，我滑過他的頁面，可以看見有人用霰彈槍自殺後，噴到了天花板、煙霧偵測器與電燈的血跡與腦漿。一場嚴重車禍中，撞爛的汽車附近散著頭骨碎塊，柏油路上躺了某人的腦幹與牙齒。最初找到尼爾時，我是和往常一樣在網路上尋找死亡的照片，在採訪他之前已經追蹤他的帳號好幾年了。

我是在沒有網路的環境中長大的最後一個世代，也是在青少年時期初次接觸網路世界的第一個世代。過去的網路沒有安全搜尋這回事，我們能探索網路世界所提供的一切，只要是我們想得到的東西，在網路上都搜得出來。有些人上網查的是流行歌手與成人片，有些人找的則是死亡。現在在網址列輸入「Rotten.com」，你什麼都找不到，這個網站已經停用了，然而它曾經是介面陽春的html網站。

這個網站集結了疾病、暴力、酷刑、死亡，一張又一張低畫質jpeg照片展示了人類的邪惡與殘忍。你可以在網站上找到名人與路人、無人辨識的屍體，以及無從辨識的屍體。喜劇綜藝《周六夜現場》的演員克里斯．法利用藥過量，面色發紫地死在了公寓地板上。下一頁。一名年輕的金髮女子，她的屍體剛開始腐爛，黃綠色皮膚開始從身上剝落。下一頁。某個警察上傳的一系列照片，一位九十多歲的男子死去後，被泡在洗澡水裡的加熱鐵絲熬煮了兩周。下一頁。又是個喜劇演員——萊尼．布魯斯在「名人停屍間」網站上的照片。網站創始人是三十歲的蘋果與網景公司的電腦工程師湯瑪斯．戴爾。一九九七年九月，Rotten.com創建一年後，他在網站上以暱稱「Soylent」[4]貼出黛安娜王妃屍體的照片。那雖然是假照片，但他光是貼出來就引起軒然大波，Rotten.com在全球新聞媒體的報導下突然惡名昭彰，成了窺淫狂、法律訴訟、青少年與我的必經之地。

我會想要看見死亡，是因為我想找到自己能夠接受與理解的尋常死亡，然而

4 出自電影《超世紀諜殺案》（Soylent Green），Soylent 是將人類屍體當食品販賣的公司。

網路上查到的盡是這類恐怖畫面，就和我小時候偷看的開膛手傑克謀殺現場的圖片一樣。印象中，我在網路上一次也沒看見自然死亡的人，照片中的屍體總是不成人形、被支解，或者被炸得面目全非，都是暴力而不尋常的悲劇。最接近一般死亡的，可能是瑪麗蓮・夢露在太平間裡的照片，她的臉紅一塊、白一塊，神態相對安詳。那些照片感覺都不像是真正的死亡，也不像是我所在的城市裡發生的事，況且當時的我們是青少年，即使死去的朋友讓我知道年輕人也會死，我們仍相信自己能永生不滅。

Rotten.com創建時我十歲，十三歲時我找到了這個網站，那是哈莉特的葬禮過後約一年。對我們這些在網路初生時代長大的青少年而言，那個網站對我們影響深遠。我每天只准撥號上網一個小時（想要繼續上網，就得再花一通電話的錢了），那一個小時我都在看這類東西，一個視窗是和同學聊天用的ＭＳＮ，暱稱不時改成只有朋友才懂的哏或是導演柯恩兄弟的電影名句，和朋友暢聊男孩子的事情，另一個視窗則是約翰・甘迺迪的頭部背面，頭髮沾滿了血液與腦漿。青少年的平凡生活與駭人死亡並存。

「血腥畫面邀我們成為旁觀者，或是無法正視它的膽小鬼。」美國知名文化評論家蘇珊・桑塔格在死前出版的最後一本書《旁觀他人之痛苦》中如此寫道，這本書是分析人類對於恐怖畫面的反應的經典著作。面對死亡時，你必須選一邊陣營，選擇當旁觀者或膽小鬼，這份觀看的需求近似自我強迫，本身也成了一種存在。一旦你看見了可怕的畫面，能夠承受那份恐怖，你就會接著尋找下一個駭人畫面。56K數據機緩慢地載入一排一排像素，你的心思也會和網速賽跑到螢幕最底部——螢幕上的畫面有你想像中恐怖嗎？有時候，照片中的慘狀太過特殊，你自己不可能想像得出來。誰知道頭顱能像雞蛋一樣破裂，腦漿會像蛋黃一樣溢出來呢？學校的電腦老師還未發現我們的心機，還未做阻擋成人網站的設定，你想看什麼都不成問題。我們進電腦教室，是為了感受注視這些死亡畫面所帶來的不安與勇敢，但是你看得越多就越不會產生這種刺激感，最後就只剩麻木了。

和犯罪現場清潔工尼爾對話時，我不斷回想這種麻木感。尼爾是幾部紀錄片的主角，上過實境節目《真實犯罪現場》，曾在《流言終結者》某一集客串登場，也當過許多YouTube影片的特別來賓。許多觀眾在評論他出場的節目時，常說他冷血無情——而此時坐在他對面，聽他用類似深夜垃圾節目旁白般的語句描述自己的事業，我大概明白他們的意思了。光是看他的Instagram照片，我就明白他們的意思了。然而，我也想知道，這份無情有多少是他的本性，有多少是他這份工作所致呢？

尼爾和一九九〇年代中期許多高中肄業、成天嗑藥與看《黑色追緝令》的二十多歲青年一樣，突然對自己的人生有了新的見解，其他人後來成了只會模仿他人的編劇，尼爾則走上了較不尋常的一條路。對他而言，改變一切的那一幕，是哈維．凱托飾演的溫斯頓．沃夫登場之時。沃夫在大清早穿著禮服西裝登場，準備解決約翰．屈伏塔飾演的文生不慎在車子後座射爆瑪文腦袋的案件。「你說車庫裡有輛車，車上有一具無頭屍體。」「野狼」沃夫說道：「帶我去看看。」他指示屈伏塔與山繆．傑克森將屍體搬到後車廂，用洗手槽下的清潔劑盡快將車子清乾淨。

＊＊＊

穿著西裝與黑色細領帶、濺得滿身是血的屈伏塔與傑克森彆扭地站在廚房裡，飾演吉米一角的昆汀．塔倫提諾則穿著睡衣站在一旁，想到太太馬上會回來就緊張得要命。這時候，野狼下達了明確的指令：「你們得爬上後座，把那些小塊的頭骨跟腦子都撈出來。把椅子擦一擦——其實椅子不用擦得一乾二淨，你們又不是要把食物放在上面吃，只要看起來夠乾淨就好了。比較麻煩的是真的很髒的部分，積在車上的血灘都要吸乾淨。」屈伏塔與傑克森無奈地走進了車庫，螢幕前的尼爾則放下手裡的大麻菸，毅然創業了。

他稍微研究了既存的清潔公司，發現已經有幾個人踩上了這片血淋淋的地盤，不過那些人的服務「貴得像在侮辱人」，在他看來根本算不上競爭對手。當時身無分文的他花五十美元申請了營業執照，接著開始上街發傳單，將傳單硬塞給所有可能需要他服務的人。他到太平間與房地產管理公司登門推銷，還用甜甜圈收買了舊金山灣區的警察。「到後來，警察看到我來了就會直接開門讓我進去，我可以直接進到警察局，直接去命案組、巡邏組之類的地方。那是在九一一以前的事了，以前還可以直接帶著Subway潛艇堡進去，對他們說：『幹，你們什麼時候才要給我工作啦？』我時間抓得很好，臉皮又夠厚，你每次一轉頭就會聽到我在那邊推銷。」尼爾表示，他祖母當時八十多歲，在聖塔克魯茲警局當志工，她會假借客戶的名義寫信誇讚尼爾，將信寄給驗屍官、警官或其他可能有權決定如何讓死亡現場消失的人物。

我們此時所在的餐館名為紅洋蔥，位於里奇蒙市聖帕布羅街，南邊海灣對面則是舊金山市。「餐廳老闆是里奇蒙警局一個作風很老派的警官。」尼爾一面說，一面從眼鏡上方望向牆上的可口可樂壁紙，以及店內老舊的咖啡機。「他以前那個年代，警察就算把人打得半死也不會怎麼樣。他是我剛創業時候的幾個客戶之一。」

一個小時前搭計程車來此時，司機還瞇眼打量這間餐館，問我確定要在這裡下車嗎。我下車後，計程車沒有馬上開走，我和司機一起看著一位半裸的毒蟲拖著羽絨被穿過一元商店「美元樹」的停車場，再經過沃爾格林藥局的得來速。小餐館位於自己一片停車場中央，宛如大海上一座小島，看上去彷彿從一九五〇年代搭時光機來的小店。

僅僅數個月前，瑞典記者金．沃爾才剛在一艘潛艇上被殺害，屍體被支解後丟入丹麥與瑞典之間的海裡。我並不認識她，但我拜讀過她的作品，在她遇害那段時期我們還為同一家雜誌寫文章。我以前若聽到有男人自己造潛艇的消息，想必也會提議將這件事寫成一篇報導，最後遭遇同樣悲慘的下場吧。我站在馬路邊，準備去和一個專門讓謀殺案消失的男人見面，腦中浮現的就是金．沃爾的下場。計程車司機抬頭看了我一眼，再次向我確認是否真的要留在此處。我點了點頭。「好喔，小姐。」說罷，他留我獨自一人站在路邊，轉個彎開走了。

「事情就是在這邊發生的。」尼爾一面說，一面揮手示意窗外，讓我越來越懷疑自己的決定了。「這是個由我控制的魔法市場。這個地區人口密集，範圍又不大，半徑六十英里內就有幾百萬個人歸我。」他告訴我，人類是非常重視領域的動物，一個地區內人越多，他們就越有可能互相殘殺或殺死自己。隨著人口密集度上升，緊張感也會越來越強。

事情就是在這間餐館發生的——二〇〇七年四月，四名蒙面搶匪搶劫失敗，當時的餐館老闆中槍身亡。當年負責偵辦案件的警探對《東灣時報》表示，那是一場「持槍搶劫案，非常暴力的搶劫案」。搶匪毆打了餐館一名廚師，恐嚇了其他員工，而當老闆費加羅亞從辦公室走出來時，搶匪一槍打在他的胸口，最後空手而逃。費加羅亞死在醫院急診室，數日後他那輛紅色的豐田4Runner仍停在圍了警戒線的停車場裡。歹徒一直沒被逮捕，艾塞利托警局的警監後來在二〇一九年告訴我，這樁案件仍在偵辦中。案發後那數周，費加羅亞的家屬發起了募款活動，募來的款項將作為獎金贈予提供案件相關情報的人士，而捐款超過二十五美元的人都獲得了在犯罪現場現煎的漢堡。

尼爾也有身為非專業人士清潔犯罪現場的經驗，那是他十二歲的事了。當時他的鄰居用步槍自殺，子彈穿過鄰居的頭部、擊碎了窗戶，腦漿噴濺在尼爾祖父母家的外牆。那年夏天尼爾就住在祖父母家，他拿起鋼刷與水管就動手刷了起來。「那個當然很噁心，可是我才他媽不管它有多噁心。我那時候只想說：『哇幹，那個人把他的腦袋轟飛了耶！』我想到這個就覺得超嗨。清潔就只是非做不可的事情而已，我祖父母年紀大了做不動，所以就只能交給我來做。」聽到槍響後不久，尼爾很快就出去刷洗牆壁了，但如果他等得稍微久一些，就會學到他多年後才學到的知識：腦漿乾掉時不管是紋路或硬度都會和大理石差不多，非常難清洗。

你如果能忍住嘔吐反應，那也完全可以自己清潔死亡現場，不過如果你有錢，如果你在意那些看不見的小細節，那還是可以請專業人士代勞。尼爾叫我想像一間屋子，想像一個人死在屋裡後開始腐爛。屍體已經搬走了，現在房裡剩下浸滿了人類體液的彈簧床、到處亂爬的蛆蟲，以及髒汙的地板。你將彈簧床搬出去，在房裡噴一大堆漂白水，這時候房間乍看下乾淨了，你也以為自己的工作到此為止。但是，你錯了——你忘了蒼蠅細小的腳也會留下足跡。

「我是過了很長一段時間以後才發現，蒼蠅會在屋子裡爬來爬去，把髒東西踩到別地方去。在你發現這個問題以前，其實連哪裡髒了也看不出來，你要直接站在牆壁前面仔細看才看得到，或是手一摸發現牆壁被你摸糊了，才發現有問題。你可以把髒東西的來源清掉，可是它已經整片牆壁都是了。」他瞪大了雙眼：「你只能把屋裡全部刷乾淨，還得叫客人親眼看一看，不然他們不會相信你——要不是自己看過那種情況，我也不會信。我是邊做邊學的，又沒有課本可以看。幹！誰知道有這種狀況啊？」

犯罪現場清潔有限公司接的委託，大部分都分派給八名全職員工（都是男性），這些工作大多和大量囤積的廢物、鼠患或血汗有關。至於血汗呢，這就有各種可能性了，很多家屬都會低估血灘的厲害。「地毯上可能有一灘血，可是地毯下面其實積了四倍的血。它就像上下顛倒的香菇一樣，你只看到上面的莖部，下面才是好吃的傘部，血跡看起來只有盤子大小而已，你卻得割下四英尺的地毯。這是因為血的不同部分會分離，白血球會跟那個他媽叫什麼——血漿——分離，留下很大的痕跡。一般人都不會注意到這種小細節。」

每次完成一份委託，尼爾就會在那間屋子裡的浴室沖澡，換上乾淨的衣服再離開，因為無論你看了電影裡哈維．凱托的禮服西裝以後有什麼感想，這份工作實際上十分辛苦。「它一點也不光鮮亮麗，反而痛苦得要命。」尼爾說道：「你一穿上防護衣就會開始流汗，全身都濕透了還得戴他媽的口罩，感覺真的很糟糕。」

我回想起妙佑醫院，想起泰瑞、防腐液與無縫地板，於是問尼爾沖完澡之後身上還會不會有那個味道。「喔，會啊，可是你進去的時候都會戴呼吸器。重點是，全部做完以後把呼吸器拿下來，這時候還聞得到嗎？如果還有味道，那就有問題了，表示你還沒完工。那東西是飄在空氣裡的分子，而且還不是你自己的分子，是別人的，你絕對不會想把它吸進去、吃進去或是用其他什麼途徑吃到身體裡。」

旁邊一名偷聽我們對話的客人轉了回去，默默喝著奶昔。

＊＊＊

身為一九九〇年代與二〇〇〇年代初期的青少年，我們都是刻意點開Rotten.com的，這不是你逛社群媒體會不小心看到的東西。以前不像現在，你現在滑社群媒體，可能會不小心看到圖片審查的漏網之魚，看見自己想從腦子裡抹消的畫面。在從前，我們必須主動去找尋這些圖片。那個網站雖然已經消失，但在它消失後還是有類似的網站崛起並取而代之。犯罪現場清潔有限公司的Instagram就為新世代的死亡窺淫狂提供了另一種獨家恐怖，這種恐怖存在於他們的平臺與時間軸，和其他照片與資訊放在了一起。有時滑著他們的頁面，你可能會忘了要有意識地理解自己眼前所見。和其他照片一同出現在你的主頁上時，駭人畫面可能會變得平凡無奇，你也對它們習以為常。

我們也許時時被死亡畫面圍繞，卻因為它們過於普遍而不再將它們理解為死亡，甚至習慣到變得麻木。踏進教堂時，你不會重新意識到這是個被殘酷虐待後釘死在十字架上的男人。耶穌被釘上十字架是藝術史上最常被人重複描繪的畫面之一，但同樣的故事我們聽了一次又一次，就不再為此感到震驚了。你也許將那個畫面掛在脖子上，照鏡子時卻從不特別注意到它，沒意識到自己胸前的24K金飾物，其實刻劃了某人被公然處刑的犯罪現場。

我讀了十二年天主教學校，身邊隨時看得到耶穌受難的各階段畫面，以及最終的死亡，死亡畫面存在於陽光下燦爛耀眼的彩玻璃，存在於每間教室角落身側滴血的雕像。某一年大齋期，年幼的我才剛聽到耶穌受難的故事，當時我跪在教堂的硬木長椅後方，聽神父說到耶穌在墓中躺了多日之後才復甦。那時我心裡十分好奇，死後多日的耶穌，屍體會是什麼狀態呢？推開封墓的岩石時，會不會看見他青綠色的屍體？既然他是在星期五死去，那到了星期天，他會散發什麼氣味呢？加爾瓦略山上氣溫有多熱？我建議各位把孩子送去讀天主教學校，相信他們都能在學校快樂學習。

藝術大師安迪・沃荷從小信奉天主教，和我一樣對死亡畫面十分執著——怎麼可能不執著呢，天主教可是奠基於死亡畫面的宗教啊。根據親友的說法，沃荷對於死亡的執著在一九六〇年代（和我同樣三十多歲時），到達了巔峰。一九六二年六月，他的朋友與收藏館長蓋爾查勒（Henry Geldzahler）在吃午餐時給了他一份《紐約鏡報》，只見頭條新聞是「１２９人在噴射機空難中喪生」，死者多是藝術界人士。沃荷在畫布上手繪了空難的畫面。兩個月後，瑪麗蓮·夢露去世了，短短數日後便有人為太平間檔案拍下了遺體的黑白照片，也就是我後來在網路上看見的照片。

沃荷以夢露世界知名的笑顏製作了第一張絲網印刷作品，接著在後續數月製作了更多作品，納入他的「死亡與災難」系列：自殺者、汽車事故、原子彈爆炸、被狗攻擊的人權抗爭者、被汙染的鮪魚罐頭毒死的兩名家庭主婦，而紐約市北方三十英里的新新懲教所中的那張電椅，也多次出現在他的作品之中。沃荷一再重複印刷相同的畫面，有時在同一張畫布上將一個個畫面排成了格狀，而隨著畫面一再重複，沃荷也離畫面所激起的感受越來越遠，拉遠了自己與現實之間的距離——他彷彿從教堂學到了重複與情緒麻木之間的關聯。

我在犯罪現場清潔有限公司的Instagram頁面上找到了相同的效果。他們的相簿同樣是一格又一格死亡畫面，橫向三格、直向數十格，簡直是業餘藝術家的「死亡與災難」系列圖。這些盡是悲劇、痛苦與暴力的畫面，然而面對數以百計的畫面，我卻麻木了，彷彿又一次點開了Rotten.com。「一模一樣的事物你看得越多次，」沃荷曾說道：「它越會失去意義，你就越會感到輕鬆與空虛。」

青少年時期翻看藝術書籍時，我總是對沃荷的死亡與災難系列念念不忘。他和我對相同的事物感興趣，但我從沒想過他為什麼找尋死亡畫面，直到後來才發覺我們的動機大相逕庭：我尋找死亡畫面是為了理解死亡，而沃荷則是想逃避死亡。

過去的我從沒想過沃荷其實心懷恐懼，只以為他故意想引起爭議。實際上，沃荷有時會在夜間和蓋爾查勒通電話時談到自己的恐懼，在黑暗中輕聲呼救。「他有時會告訴我，他擔心自己睡著就會死去。」蓋爾查勒說：「所以他會靜靜躺在床上，傾聽自己的心跳聲。」沃荷的兩個哥哥認為，安迪對死亡深切的恐懼源於父親之死，當時安迪年僅十三歲。父親的遺體被送回家，在客廳放了三天，安迪怕得躲在床底下，還哭著求母親讓他去阿姨家借宿，而他母親擔心兒子的辛登南氏舞蹈症（Sydenham chorea，一種神經疾病，又稱聖維特斯舞蹈症）復發，就這麼讓安迪到親戚家借住了。

沃荷一次也沒親眼見過真正的死亡，只看見鏡頭拍下後印在報上的照片。我小時候沒有近距離注視死亡的機會，而十三歲的他面對直視死亡的選項時，卻拒絕了。一直到一九七〇年代，險些被瓦萊麗·索拉納斯槍殺之後，沃荷才開始在自畫像與頭骨之中探索自身生命的極限。儘管如此，他還是終其一生懷有對死亡的恐懼，從不參加喪禮或守靈，甚至在一九七二年母親去世時拒絕參加她的葬禮。死亡畫面自始至終都有著縈繞他心頭的力量，他成了這些畫面的受害者，選擇透過藝術與這份力量相抗，而非把握現實生活中的機會面對死亡，認知到死亡並不可怕。他美麗的逃避行為，如今掛在了世界各地的畫廊裡。

「自從一八三九年第一部照相機問世，攝影便一直與死亡為伍。」桑塔格曾如此寫道。人拍照的理由五花八門，就和人觀看相片的動機同等多樣。維多利亞時代的人將相機架在三腳架上，拍攝將死之人與死者的照片，有時這會是他們孩子出生後第一張也是唯一一張照片，厚布之中也許藏著懷抱死嬰的母親，或者死嬰躺在了小小的棺材裡，悲痛不已的父母則動作僵硬地站在一旁，等待曝光結束。除此之外，還有警察拍攝的犯罪現場與解剖照片，其中包括一八八八年一系列案件，我再熟悉不過的五位女性：波莉・尼科爾斯、安妮・查普曼、伊莉莎白・史泰德、凱薩琳・艾道斯、瑪莉・凱莉。

數十年後，人稱「維加」（真名亞瑟・費利希）的攝影師以死亡為噱頭，協助報社售出了不少報紙；他記載了一九三〇年代的暴力，當時經濟大蕭條結束、美國禁酒令解除，同時政府加強了對集團犯罪的制裁，直接與間接導致了紐約市多起命案。維加從沒拍攝到暴力案件本身，而是透過警用廣播蒐集情報，在案發後立即趕往現場（他是當時唯一一名獲准持有警用對講機的自由新聞攝影師）。趕到場後，他會搶在白布蓋下前拍下倒在血泊中的屍體，以及混混落在了地上的帽子。他的照片往往會放大印在報紙頭版，數以百計的屍體與故事，全都被他撕下來釘在位於紐約市警局對面的陰暗小套房裡，彷彿在收集獎盃。他房間牆上釘滿了被害者照片，亦曾說道：「命案，就是我的生意。」

攝影記者（photojournalist）就離八卦小報的道德爭議十分遙遠了，他們的照片扮演記錄與佐證的關鍵角色，能彌補雙眼所見與證詞上的不可靠。一九四五年，美國第一位女性戰爭攝影記者——瑪格麗特·布林克-懷特（Margaret Bourke-White），她也是第一位獲准在戰區工作的女人，隨巴頓將軍的第三軍團走遍了逐漸土崩瓦解的德國。她在四十歲時毫不避忌地拍下了納粹黨的惡行，而直到後來在暗房洗照片時，她才終於能真正理解與面對這些重要的紀錄。

「我不斷告訴自己，等我有機會仔細看自己拍的照片，我才會相信眼前庭院裡無可言喻的悽慘畫面。」隔年，她在回憶錄中描述布亨瓦德集中營時如此寫道。「用相機拍照幾乎可說是減輕了我的負擔，鏡頭成了我和前方白色恐怖畫面之間的一層阻隔。」她的照片刊登在《生活》雜誌上，是將死亡集中營駭人真相暴露在大眾注目下的最初幾篇報導之一，恐怖畫面終於呈現在不願意相信新聞報導的大眾眼前。

攝影記者踩在了記錄與行動之間的線上，他們的工作無比重要，能為全世界展示真相，然而在工作時他們也可能得付出極大的個人代價。凱文・卡特一九九三年在蘇丹拍攝了飢餓的孩童倒地不起、禿鷹在旁虎視眈眈的照片，贏得了普立茲新聞特寫攝影獎，而照片刊登在報上時，讀者紛紛致信《紐約時報》詢問女孩子後續的狀況，想知道攝影師是否對她伸出了援手。數日後，報紙發佈公告，表示當時禿鷹被趕走，孩子也繼續走了下去，但沒有人知道她是否順利走到了發放食物的帳篷那裡。贏得普立茲獎的三個月後，三十三歲的卡特在自己的卡車內燒炭自盡。他留下的遺書有一段寫道：「殺人、屍體、憤怒、痛苦的鮮明記憶糾纏著我……我忘不了那些挨餓或受傷的孩子，二話不說就開槍的瘋子——這些人大多是警察——還有名為處刑人的殺人犯。」

在觀看死亡畫面時，我們必須注意到「情境」這個關鍵元素，如果不知道事情的前因後果，死亡畫面便會如解開了纜繩的怪物，在我們記憶中亂飄，而我們有些人也許會因此越來越害怕，有些人則可能會對死亡越來越麻木。至於尼爾Instagram上的犯罪現場照片則不同於上述幾種情境，它們不是用於呼籲別人，也不是激起同情心或引人深思的故事，甚至沒有吸引人購買報紙這層商業用意，而純粹是毫無意義的血腥畫面。這主要是因為我們根本不了解照片背後的故事，警方通常會對尼爾大致說明案情，讓他估計處理事發現場所需的時間，但尼爾說他為照片寫下的說明都不是事實，他會為了隱藏相關人士的身分而修改故事，不過偶爾還是會有死者家屬找到他的貼文，在留言區怒罵他。他貼出這些照片並沒有特別的意義，就只是打廣告與供喜歡獵奇事物的人欣賞而已，然而比起展示金錢能買到的服務，這些照片更像是某種展示品。

最初創這個Instagram帳號時，尼爾是想讓別人看看自己的工作長什麼模樣，而雖然少有客戶是透過Instagram找上門，意味不明的照片與貼文還是引起了熱議。尼爾為他們開啟了一扇窗，讓他們一窺私密的死亡畫面，而在詳情無從得知的情況下，追蹤者開始在留言區拼湊出自己的一套故事。

故事中唯一百分之百無誤的事實是，犯罪現場清潔工是在死亡發生後、犯罪事件結束後、手腕割破後才抵達現場，這是他無法改變的故事。這些故事是否令他憂鬱難受呢？看他的模樣，他似乎不太受影響。「這其實不關我的事嘛。」他說道。我問尼爾有沒有印象深刻的畫面，他思前想後，一直想不到什麼。幼童踩著父母的血液，在走廊上留下了一串血腳印……可能就只有這樣吧。不過想到最後，尼爾還是沒想到什麼。「每個人一開始都想知道那裡發生的故事，前五十次都是這樣，但到後來你就不會在乎這些，甚至連看都不會看到它了。」他說：「大部分時候，你離開那棟屋子時，早就把裡面的事情忘得一乾二淨了。」

在分析恐怖畫面對人造成的影響時，桑塔格在接近結尾處寫道：「同情是種不穩定的情緒，必須被轉譯為行動，否則便會凋萎……人會變得無聊、憤世嫉俗、無感。」

無論尼爾是否有過「同情」這不穩定的情緒，此時的他貌似完全步入憤世嫉俗的境地了。他在餐館裡對我談論自己的工作之時，在他為照片寫上直截了當的圖說並加上「#p4d」標籤之時（「pray for death」，祈禱死亡來臨，因為死亡就等同收入，而且命案也是他的生意），都看得出他的憤世嫉俗。他對我說的其中幾句話，我也在電視上、YouTube上聽過，和別人的說法幾乎一模一樣。「我要不是在電視上引戰，說這些名言，公司就不可能經營得這麼成功。」這一切都是他的個人演出，他扮演著犯罪現場清潔工網紅的角色。我一直看不出他對任何事物真正的感受或想法，甚至摸不清我自己對尼爾的看法，我不過是又一名觀眾，看著他表演一齣經過千錘百鍊的戲劇。

不過，在一些短暫的時刻，我還是能一瞥戲劇之下的真實樣貌。

尼爾現在已經不會親自去清潔死亡現場了，而是由手下員工傳照片給他貼上Instagram。他現在五十歲，他說自己視力退化了，看不見牆上微小的蒼蠅足印，這會妨礙他工作。然而，他不再做清潔工作的主要原因是，沒辦法繼續隱藏自己的感受了。「我已經不同情客戶了，這大概反映了我心裡不少東西吧，我還真希望這些東西不會冒上來。那些人讓我覺得噁心。我不會直接跟他們說我覺得他們是混蛋，但他們絕對感覺得出來。」

尼爾無法排除對客戶的嫌惡，每次想到他們的態度、他們骯髒的房屋，他就感到噁心。這種厭惡並非一直存在，但在清潔慘劇與駭人事物二十二年後，他眼中只剩下我們人類最醜惡的一面了。「我覺得所有人都是機會主義者，每個人都很自私。」然後他又告訴我，世界上沒有「忠誠」這種東西。有時一個人死去數月後才被人發現，這時他們的家屬才會冒出來，在屋裡到處翻翻找找，尋找能賣錢的寶貝。「我在打掃的時候，他們就在旁邊翻箱倒櫃找自己可以帶走的東西，好像那是他們天生的權利一樣。我最討厭那種行為了。」

尼爾當初踏入這一行時，心中只懷有冰冷無情的功利意圖，而到了今天，這份工作在他眼裡仍舊只有清潔與金錢而已。「我不是來當誰的朋友，或是來當客戶的心理醫師的。」他一面說，一面將最後幾口漢堡吞下肚。「我就只是他們的清潔工而已嘛，幹嘛在乎我對他們的想法？」在工作時，他並不覺得自己在讓世界變得更好或給予死者尊嚴，他的工作是從現場移除一個人存在過的所有痕跡，將情境去人性化、將屋子打理乾淨，讓在隔壁房翻箱倒櫃的親戚將房子賣出去。然而，尼爾和死者親戚都是為了同一個理由來到那幢房屋，而這也許就是尼爾這份嫌惡感的根源。他們是啃食死者的禿鷹，卻也是他的金錢來源。

他告訴我，他在愛達荷州有一間房子，那裡是遠離塵俗的清淨綠洲，他之後會遠離都市的命案、自殺、老鼠與被遺忘的人們，和太太一起去退休養老。尼爾抓起手機，滑掉數十條工作通知，將手機上的倒數計時拿給我看，只見時間一秒一秒倒數著。「再過一千五百四十二天，我就要離開了。再四年兩個月又二十天。」他已經等不及去愛達荷了。「我打算最後死在那裡。」尼爾已經安排好了身後事，還打算在體力退步前去爬山，最後被熊吃下肚。他不想成為別人清潔的對象。

「你會怕死嗎？」我問道。

「嗯。我不想死。」

他問我們結束了沒有，接著從桌上拿起鑰匙串，離去前和餐館員工聊了幾句。女服務生靠著櫃檯，點餐板握在叉腰的手裡，問他在忙嗎。他說他沒有不忙的時候。尼爾的手機又響起通知聲。他叫我在餐館內等人來接，外面不安全。我目送他開著一塵不染的白色Ram貨車離去，車身在陽光下閃閃發亮，相較之下，附近沾滿塵埃的其他車輛彷彿吸光的黑洞。他的車牌號碼是「HMOGLBN[5]」，我在他的Instagram上看到，他近期為員工買了輛新的貨車，車牌號碼是「BLUDBBL[6]」。

我回到雅座，等待計程車到來。我拿出手機滑了起來，果不其然，在小狗照、自拍照與玫瑰金花盆裡的植物照之中，出現了新的犯罪現場。

---

5 指hemoglobin，血紅蛋白。

6 指blood bubble，血泡。

CHAPTER 6

# 與劊子手共進晚餐

## **處刑人**

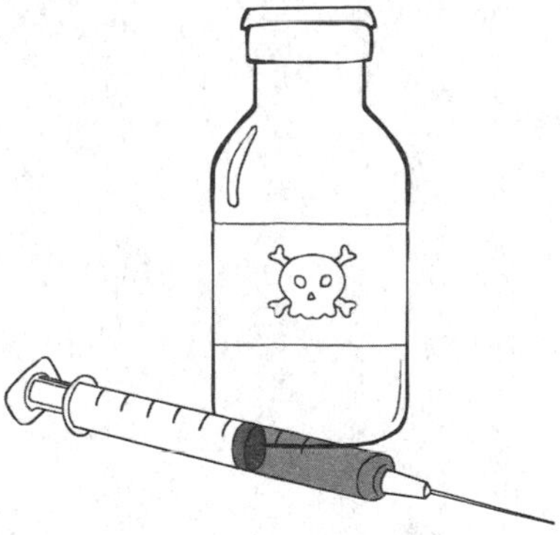

二〇一七年二月二十七日，阿肯色州宣佈要加速執行死刑，在十一天內處死八名受刑人，這是美國近代史上少見的處刑速度，在此之前阿肯色州更是十二年未執行死刑了。州政府的理由是，該州用於注射死刑的三種藥物之一——咪達唑侖（midazolam）存貨即將過期，所以那八名男人的死期也到了。

阿肯色州過去也發生過轟動一時的死刑決策，在一九九二年，當時的州長比爾．柯林頓在競選總統過程中匆匆趕回家，見證里基．雷．雷克托的死刑。雷克托因為對自己頭部開了一槍導致智力障礙，甚至將受刑前最後一餐的甜點（一片山核桃派）留了下來，打算等受刑後再吃。柯林頓為了維持嚴格執法的形象，拒絕赦免他。

在二〇一七年三月二十八日一封信中，全國二十三名前死刑工作人員對賀勤森州長懇求道：

「我們認為短時間內執行如此多次死刑，會對負責處刑的職員造成重大且不必要的壓力及創傷……即使在時間較不緊迫的情況下，執行死刑也可能對獄警身心健康造成嚴重的打擊。我們當中一些人曾參與或監督處刑，直接體驗過當下與後續的心理挑戰，一些人則目睹過同僚所承受的負擔。少有人注意到獄警在處決受刑人時所扮演的矛盾角色：平時負責保護受刑人安全與健康的獄警，如今卻不得不參與受自己照顧的受刑人的死刑。」

寫給州長的信並沒有起作用，這封信寄出的那一個月內就有四人被處死，另外四人則因無關的理由延後處刑。即使只是一所監獄在一周內處死四人，在美國現代史上也是一筆難以忽視的紀錄。

我找到了上述事件的一篇新聞報導，文章附上這封信，而信末出現了傑瑞·吉文斯的簽名。眾多簽署者包括典獄長、獄警監與牧師，就只有傑瑞·吉文斯一個處刑人。現代處刑人都在監獄裡工作，新聞報導也不會報出他們的姓名身分，對我們一般人而言他們都是無名無姓的人物。那為什麼會有處刑人公開自己的身分，甚至簽署這封關乎創傷的信呢？他究竟有過什麼遭遇？

我一向對死亡產業工作者感興趣，而在我心目中，處刑人在死亡產業是類似衛星的存在，不屬於其他相關工作者的群體，卻作為在相同產業工作的隱形人存在於群體邊緣。但是，處刑人並不是犯罪現場清潔工，他們不是為與自己無關且無法改變的事件做事後收拾；他們不是在殯儀館工作的禮儀師，將已經死去的遺體放入冰櫃後寫上死者的姓名。處刑人處於生與死的過渡期，以最基本的實務層面而言，他們是造成死亡的「因」——他們是司法機器的最後一顆螺絲釘，負責執行政府與法庭的命令，完成一般人連想都不願去想的工作。走進那個房間，將一個人用束帶固定在電椅上，然後按下按鈕，那究竟是什麼感覺呢？你將一個健康的活人變成了屍體，然後工作結束，人命結束了，你就這麼下班回家，這又是什麼感覺？怎麼會有人從事這份工作？怎麼會有人一直做下去？

在這封信中，一個不知經歷過什麼的處刑人站出來替同行發聲，希望能讓阿肯色州的處刑團隊免於他所受過的痛苦。他也許願意接受我的採訪，將他的經歷與感受告訴我，而現在他也有了分享心事的理由。我想知道，當一個人在州政府命令下執行預先決定好的死刑，當一個人殺死別人、結束他人的性命，他會如何處理由此而生的心理壓力？如果死亡不過是法庭能下達的諸多命令與懲戒方法之一，那對處刑人而言，死亡還有什麼意義？他不僅見過死者的遺體，還看見了死亡發生的那一瞬間，那麼，他對死亡的恐懼會增加還是減少？

* * *

我從一年前就一直想安排時間和傑瑞見面了，每次問他哪天方便見面，他都無所謂地要我來之前一周通知他一聲就好。為了如此不明確的計畫飛到地球另一個角落實在很不踏實，但我也不是沒做過更蠢的事，於是我又安排一些在美國的雜誌採訪工作，刻意排了可以順道去一趟維吉尼亞州的行程，到時即使傑瑞臨時取消，我也不算是白跑一趟。話雖如此，我排著行程，還是不覺得去維吉尼亞州有多順路。

到了約好和傑瑞見面的日子，我和男友克林特從費城開著租來的破爛日產車南下，開了兩百五十英里。之所以特意說服克林特同行，是因為這趟旅程太過複雜，我不太可能全程搭計程車。我的工作雖然是去奇怪的地方採訪人——別人家地下室、地處偏遠的電影攝影場、蘇格蘭小鎮（全鎮就只有一個計程車司機，我每次打給他，他都剛好在洗澡），但是在採訪完犯罪現場清潔工之後，我終於受夠了盯著手機應用程式，默默等螢幕上的計程車小點朝我接近，同時還得擔心手機收訊不良導致整趟行程以失敗告終。

除此之外，我這次可是要和活生生的處刑人見面，見面地點他還沒指定，總之大概是在美國一個人生地不熟的地區……老實說，我想到這裡還是感到很不自在。

這是個接近傍晚的一月天，天色逐漸暗了下去，我們的目的地是里奇蒙市，但不確定要到里奇蒙的哪裡。傑瑞來了電話，問我們人在哪裡，他要我到學校門口和他碰面。哪間學校？他用電子信件將地址寄給了我。這是里奇蒙近郊一所學校，這個時間學生早就放學回家了，處刑人怎麼會約我們在那裡碰面呢？我們又開了一段路，前方車輛的車牌上寫著「維吉尼亞是戀人的樂土」，這些車牌都是市中心西方一間監獄商店出品，由受刑人製作的商品。

時間到了晚間七點鐘，我們開在一條路燈忽明忽暗的街道上，車燈短暫照亮了社區中心屋頂上掛的「黑人的命也是命」布條。我們在阿姆斯壯高中前停車，校門口幾乎沒有照明，只有從前廳透到門外路面的燈光。

我湊到玻璃門前，瞇眼往校舍內望去，看見警衛與金屬探測器——美國高中不可思議卻又普遍的場景，而在幾級臺階上的中層樓處，一名六十多歲、戴眼鏡、留了白鬍子的黑人男子彎下腰來，隔著大門看向我們的臉。他粲然一笑，熱情地揮手示意我們入內。除了前廳寥寥數人之外，校內似乎空無一人，就連前廳旁的走廊也漆黑無光。

「是你的客人嗎，傑瑞？」其中一名警衛問道。

「嗯，對啊，他們是大老遠從倫敦過來的喔！」他輕笑著說。傑瑞說話時帶有美國南方人慵懶的腔調，低沉的聲線十分適合深夜廣播節目。

警衛搜了我們的包包，還搜身確認我們沒攜帶刀槍。「我們是從英國來的。」我尷尬地說道：「什麼都沒有帶。」他們笑了笑，揮手讓我們進去。傑瑞用一個擁抱和我打招呼，感謝我大老遠來見他，我們順利抵達這裡真是太好了。「我們要去看籃球賽。」他說道：「你們喜歡籃球嗎？」

我完全沒料到他會帶我們去看籃球。我們穿過燈光黯淡的走廊，傑瑞身穿卡其色長褲與海軍藍外套，因近期做過膝蓋手術而微微跛腳。

傑瑞推開高中體育館的雙門，場內燈光耀眼，空氣中飄著亮光漆與汗水的氣味，傑瑞在看臺上找了位子坐下，路上和不少人揮手打招呼。我和克林特擠到傑瑞身旁坐下，在偶爾吞噬話音的球鞋尖響與觀眾歡呼聲中，傑瑞告訴我，他在一九六七年也讀過這所高中；它在一八七〇年代創校時，是全維吉尼亞州第一所招收非裔美國人學生的學校。過去三十年他都會回來輔導高中生，下班後也不會換下獄警制服，而是直接來學校看學生練足球，回答他們所有和監獄生活有關的問題。「這是我糾正孩子人生方向的機會。他們很多人離校以後會走上和爸媽、朋友一樣的路，最後進到斯普林街——那裡是監獄。」他說：「也是處刑的地方。」

* * *

一九七四年，傑瑞剛開始在州立監獄當獄警時，維吉尼亞州並沒有死刑——當時全美都沒有死刑。在一九七二年的《弗曼訴喬治亞州案》（Furman v. Georgia）中，美國最高法院將死刑判別為殘酷與不尋常的懲罰，因此將全國所有死刑判決無效化，改為終身監禁。那段時期，全美各地的法條都依照最高法院的指導方針進行了修改，全國處於暫時中止死刑判決與執行的狀態，各地監獄試圖找出一致且（理論上）排除種族差別待遇的終身監禁執行方法。後來，一九七六年的《格雷格訴喬治亞州案》（Gregg v. Georgia）重開了美國各地行刑室的大門。

維吉尼亞州是原始的北美十三州之一，也是開國元勛湯瑪斯．傑佛遜的夏律第鎮大農場所在地。該州有著悠長的死刑歷史，歷史學者公認的美國第一次死刑就是發生在維吉尼亞州詹姆斯鎮：一六〇八年的肯德爾船長（Captain George Kendall）被控密謀背叛英國、投靠西班牙，結果被行刑隊射殺。不過到了一九七七年，傑瑞的上司邀他填補「處刑團隊」的空缺時，維吉尼亞州並沒有死刑囚，該州上一次處死犯人已經是一九六二年的事了。

傑瑞當時年僅二十四歲，那時的他支持死刑，認為一個人奪取他人的性命，自己的性命也該被剝奪。他記得自己十四歲時參加一場派對，因為太害羞而沒去和派對上一個女孩子搭話，結果突然有人走進屋裡，開槍射殺了那個女孩。他對那次事件的不公印象深刻。於是，傑瑞接下了處刑人的工作，上司表示他每一次行刑都能領一筆獎金。我問他執行一次死刑能領多少錢，他說他不知道，從沒問過上司。他從不領取行刑獎金，因為他不想改變自己從事這份工作的目的。「我的工作是拯救人命。」他說：「你知道我多常為了救受刑人或是獄警，賭上自己的小命嗎？」

「是因為有人鬥毆嗎？」

「嗯。持刀傷人啊、各種事件都有，都是在監獄裡發生的事。」

傑瑞不知道上司還問過誰，不過在接下處刑人職務後，有天夜裡他和另外八個人在監獄地下室見面，立誓將自己與其餘團隊成員的身分保密。除了處刑團隊成員之外，沒有人知道團隊上有哪些人，傑瑞甚至沒對太太透露這件事，他擔任處刑人那些年，一直對所有人三緘其口。

美國每一個有死刑制度的州分，都有任命處刑人的一套辦法。在中止死刑之前，有些處刑人甚至不是監獄職員，而是自由業「電工」，這些人的專業就是按按鈕。紐約州一些處刑人算是公眾人物，其中一人收過恐嚇信，還有一人的家遭受炸彈攻擊。有些處刑人靠這份工作賺了不少錢，他們在各州接案，每結束一條人命就能領到一筆錢。也有一些處刑人匿名工作，其中一人在半夜出發前往新新懲教所之前，還會先在車庫裡換上另一塊車牌，以免被人認出或追蹤。佛羅里達州的電椅操作員甚至從清晨五點鐘在家門口等人來接時，頭上就已經戴著頭巾了，車子往返行刑場所與工作期間他都戴著頭巾，一直到下班回到家中後他才會取下頭巾。後來到一九七六年，恢復死刑制度後，全國各地組織了新的處刑團隊（佛州更是高調地登報徵才，有二十人前去應徵），新團隊學著使用過去留下的器材：毒氣室、電椅、絞刑架與槍械。

維吉尼亞州原本那張電椅，是在一九〇八年由受刑人用老橡木製成的，在恢復死刑後他們取出了數年未用的電椅，重新組裝了起來。（耶穌也是木匠，最後死於木匠的造物，青少年時期的我和歌手尼克．凱夫都注意到了故事中的諷刺。[7]）他們在一九八二年用電椅處決了弗蘭克．詹姆斯．柯波拉。三十八歲的柯波拉曾為警察，他在一次搶劫案中用百葉窗拉繩綑綁一名女性，多次抓著她的頭撞擊地面致死，最後帶著三千一百美元現金與一些珠寶首飾逃離現場。行刑當晚，傑瑞只擔任候補處刑人，二十年來首次按下維吉尼亞州電椅按鈕的是團隊上另一人。

那晚沒有記者前來觀看行刑室裡發生的事，其實關於死刑的新聞報導往往不可靠且不一致，常因報紙的政治傾向而寫得過於戲劇化，在不同方面誇大其辭。沒有獄警對媒體透露當晚行刑詳細情況，但根據在場一位充當證人的律師所述，處刑過程並不順利。老舊的機器使柯波拉的腿燒了起來，煙霧飄到天花板、瀰漫著整間行刑室。第二次持續五十五秒的電擊過程中，律師聽見了「類似煮肉的」滋滋聲。

柯波拉並不是第一個電椅死刑出問題的人，獲得那頂「電線冠冕」的人是一八九〇年在紐約被處刑的威廉・凱姆勒（William Kemmler）。凱姆勒經常酗酒，在一次酒醉後和情婦發生爭執，用斧柄擊打情婦頭部二十五次殺害了她。若撇除測試電椅用的老馬不算，他就是史上第一個被電椅處死的人。

他也是第一個證明人類頭部與皮膚導電度不佳的人——在《紐約時報》於處刑隔日刊登的驗屍報告中，病理學者寫道，移除凱姆勒背部燒焦的皮膚後，他們發現他脊椎附近的肌肉狀似「過熟的牛肉」。汗液的導電性倒是不錯，它的主要成分是鹽水，電離子含量比純水高，而大部分被押進行刑室、綁在電椅上的人都是滿身大汗。處刑團隊學到了教訓，開始有人將浸了鹽溶液的海綿放在受刑人剃光了頭髮的頭頂，放在肌膚與頭罩之間。傑瑞告訴我，現代許多電椅處刑失敗，都是因為處刑團隊用的不是天然海綿，而是人造海綿，以致通電後受刑人頭部著火。

維吉尼亞州處刑團隊處死柯波拉兩年後，林伍德・厄爾・布萊利坐上了同一張橡木椅。在一九七九年當中七個月期間，布萊利和兩個弟弟於里奇蒙市多次行搶與殺人，官方統計的死亡人數是十一人，不過警調人員懷疑實際受害者人數超過

---

7 請見尼克・凱夫的歌曲〈Mercy Seat〉。

二十人。

那天首席處刑人請病假，於是傑瑞接下了行刑的任務，將布萊利綁在電椅上、將海綿沾濕後放在他剃光了毛髮的頭上、站在簾幕後按下按鈕，讓電流竄遍布萊利的身體，讓他的心臟停止跳動。另一個處刑人是真的病了嗎？還是不願在處死柯波拉之後再次面對行刑室，不願再用自己的手指啟動死亡？我沒辦法問他，因為傑瑞不肯說出那個人的名字，他至今仍嚴守著二十四歲那年在監獄地下室立下的保密誓約。無論如何，那人從此之後就不再是首席處刑人了；維吉尼亞州從重新開始執行死刑至今處死了一百一十三人，在第一人過後接下來六十二人都是由傑瑞行刑，其中二十五人用電椅，另外三十七人則是注射死刑。

＊＊＊

我們跟隨傑瑞的車到紅龍蝦餐廳用晚餐，踏進餐廳，服務生來帶位前，你會先和「受刑人」打照面：一缸等著被處死的龍蝦，蝦螯受橡膠小手銬束縛，一間間牢房被混濁的壓克力板隔了開來。牠們目不轉睛地注視著我們。

「選一隻吧。」傑瑞笑吟吟地說道。

我站在那裡，一時間感覺自己像身穿輕便雨衣的羅馬暴君卡利古拉，看著水缸挑選受死的龍蝦。牠們爬到了同伴身上，試圖看清我們的樣貌。

我有時會回想起一部查爾斯・亞當斯[8]畫的卡通，卡通裡兩個半裸的劊子手站在更衣室般的磚砌小凹室裡，一面穿上頭巾與斗篷，一面戴上黑色長手套。其中一人撐著斧頭對另一人說道：「我是覺得啊，就算我們不做，也會有別人來做。」此時此刻，我腦中忽然又浮現那個畫面——已經有別人決定了這些龍蝦的生死，即使我不選一隻，下一個客人也會做出選擇。儘管如此，我還是做不到，我沒辦法按下按鈕，結束一隻龍蝦的生命。我對傑瑞說我等等點別道菜，他笑了。紅龍蝦餐廳的員工也都和傑瑞很熟，他晃去和餐廳員工打招呼了，留我和克林特默默盯著水缸。傑瑞都快走到我們的桌位時，我還在用這些兩公斤重的甲殼類動物秤量自己的罪惡感。

我才剛坐上雅座，他就告訴我，是上帝讓他來到殺人的職位上，所以我如果想問他為什麼被選為處刑人，那還不如直接去問上帝。「祂有祂自己的理由，我也沒問為什麼，反正就接下那份工作了。那不是我自己選的。你想想看，那時候我才

---

8 Charles Addams，美國知名漫畫家，代表作之一為《阿達一族》。

二十四歲……而且還是黑人男人喔，竟然要做這種工作？」他露出了疑惑的神色。「可是——」他聳了聳肩：「不管我做不做，都得有人去做的。州政府就是可以把人處死。」又是查爾斯．亞當斯卡通裡的言論了。

歷史學者弗里德蘭德（Paul Friedland）在《執行正義》一書中寫道，我們現代人將處刑人視為執法人員，負責執行上頭判決的結果，不過這其實是啟蒙運動時期革新者刻意提倡的觀念，他們試圖建構一種與以往不同、理性而制式化的懲戒系統，將責任與罪過分散給了龐大系統中所有的螺絲釘。在那之前的法國，劊子手一向被視為不同尋常的人物，被社會排擠，是人人厭惡的存在。社會大眾認為劊子手的手「會玷汙他所觸碰的一切事物，在觸碰他人或物品時就造成深深的改變」。

那個時代的劊子手都居住在城鎮邊緣，和同行家族通婚，孩子長大後也會繼承父業——你光是體內流淌劊子手的血液，就等同親自放下了斷頭臺的利刃。劊子手去世時，遺體會葬在墓園一個特別的區塊，以免他們死後的存在汙染了其餘人。他們在市場購物時甚至必須用長柄杓子取物，不能直接用手觸碰商品，而他們的衣著也與常人不同，以免被誤以為是「高尚之人」。弗里德蘭德寫道：「在早期現代，以及法國大革命期間，將他人道德汙名化的最有效方法，就是指控他們和劊子手共進晚餐。」此時，傑瑞禮貌地對服務生示意，表示準備好要點餐了。

「受刑人知道按按鈕的人是你嗎？」我問道。關在獄中的受刑人有不少時間想東想西，他們想必會觀察典獄長與獄警監，私下揣測誰會是他們的處刑人——處刑人畢竟不是全職工作。

「不知道。」傑瑞搖頭說：「有些人會自己猜，到最後會跟我說：『吉文斯，我賭等下按下開關的人就是你。』我就會說：『猜錯啦，兄弟，不是我。』我怎麼可能直接告訴他們就是我！所以就只能開玩笑帶過去。『不是我啦，兄弟。不是我。』」

傑瑞擔任處刑人那段時期，處刑時間都是半夜十一點，時間盡量壓在那天即將結束之時，讓人做最後的上訴，但也保留一個小時緩衝時間，免得器材故障，而要是錯過午夜的期限，你就得等法院再定下新的處刑日期。在十一點到來前，傑瑞有不少清醒的時間思索那件事，看著時鐘一分一秒轉下去，等待暫緩處刑或行刑的命令下來，等待那生或死的瞬間。這時候，他的工作就是為受刑人與自己做準備。

「我會幫別人為生命的下一個階段做準備。」傑瑞一面說，一面在服務生將餐盤擺到他面前時插起一條炸蝦。「我不知道他會去哪裡，那是他跟造物主，他跟上帝之間的事，不過我的任務是幫他做好準備。一個人要怎麼準備受死呢？我會觀察他，跟他說說話，陪他禱告。這些都是他的最後一次了。」

傑瑞在獄中幫助死囚安排心靈上與實務上的身後事時，死刑倡議者便會聚集在監獄外頭賣T恤、舉布條與歡慶，而廢死倡議者則會在附近圍著蠟燭默默守夜。對準備受死的人而言，數小時就像數分鐘一樣飛速過去。對處刑人而言，每一秒鐘都拖得天長地久，時鐘指針似乎卡住了。你身為獄警照顧了一個人這麼久，現在卻要結束他的性命，你能怎麼做心理準備？

「我把一切都屏蔽在外了。」傑瑞說道：「我會專心做該做的事，不會對任何人說話，甚至不去看鏡子，因為我不想看到自己作為處刑人的樣子。」

態度歡快的服務生幫我們上了飲料，而我默默想像一個避免面對鏡中倒影的男人。「你做了那麼多年，太太一直不知情，你都不會想告訴她嗎？」

「不會。你要是我太太，知道我今天要行刑，那『你』也會感受到我的壓力，你會同情我。所以我從不把這份壓力放到她肩上。」

＊＊＊

每一州的制度不同，不過一般處刑人的身分不僅對受刑人與證人保密，就連處刑團隊也不是很清楚處刑人究竟是誰，讓團隊成員免於獨自承擔重責大任的辛苦。有時他們會有兩人同時按下兩個按鍵，由機器隨機決定哪一個才是真正下達命令的按鍵，而後機器會自動刪除紀錄，如此一來就沒有人確切知道是自己啟動了電擊或化學藥劑所致的死亡。只要用機械將自己與行為隔開，你就能欺騙自己，說服自己那件事不算是真正發生過，就和操縱無人機襲擊敵人一樣。有些時候，處刑人自己會避開那份責任：一九二〇年到一九四一年在新新懲教所擔任典獄長的拉威斯（Lewis E. Lawes）監督了兩百多名男女的死刑，卻每次在電椅開關被開啟時別過頭，之後聲稱自己從未目睹過受刑人被處死。

然而，傑瑞的團隊雖然和其他處刑團隊一樣分工，不讓一個人獨自承擔重責大任，按下控制板上那個按鈕的人還是只有傑瑞一個。只有傑瑞一個人目睹致命藥劑從自己手裡的針筒流入導管，進入綁在輪床上的男人靜脈裡。然而，儘管確定行刑者是自己，或者正是因為他能肯定行刑者是自己，傑瑞仍在自己與殺人行為之間擺了一道屏障：上帝。

傑瑞相信死亡並不是真正的結束，因為還有死後的世界，而許多死囚在多年監禁後，也產生了同樣的信念。即使是曾經的無神論者也需要對未來懷有期待，而在司法體制不原諒他們的情況下，他們也需要得到某個神靈的諒解。他們需要一絲希望，即使到了最後也希望能有人出手干預，希望有某種力量讓行刑室的電話響起來，但這種希望本身也是一種諷刺，上帝當初不就讓獨子被政府處死了嗎？無論是死囚或典獄長，或是拒絕赦免受刑人的政治人物與法官，都將沉重的責任推給了上帝。我一向對這種將宗教當作盾牌或替身的態度感到疑惑，在我看來，這些人選擇不去深入思考自己的所作所為，是因為他們認為自己做什麼都無所謂。他們認為實際決定權在別人手裡，自己不過是遵照上帝的旨意去做罷了。在維吉尼亞州行刑室裡，「上帝」成了所有人的柔焦鏡頭。

然而，對傑瑞而言，他這是在改寫過去漏洞百出、前後矛盾的初稿。他告訴我，是上帝讓他成了處刑人，他是在完成上帝指派的工作。他說他天天和上帝對話，但是我問他何時開始對話，他卻給了我自己卸下處刑人工作多年後的一個日期。這在時間上不合理，這也就表示，傑瑞在行刑室工作時沒有和上帝對話，沒有和任何人對話。無論我問了多少次，無論我改用何種方式提問，都無法問出他早期行刑時的心境……當他穿上熨燙整齊的制服，當他避開了鏡中的倒影，當他親吻太太、出門上班時，心中想的究竟是什麼？也許，就連他自己也無法理解當時的自己，畢竟身體會將我們所受的創傷隱藏在陰暗角落，我們會為了自己的救贖而杜撰破綻百出的故事。

但是，無論你將罪過推給上帝、法官或陪審團，一個人在政府命令下被處死時，死亡證明上寫的死因都是「他殺」。無論你是否相信一個人犯下恐怖罪行後，應該受到死刑懲罰，「在沒有人類之手調轉控制的情況下，死亡機械是不可能運作的」，德州歷史最悠久的清白專案創始人——大衛．道（David R. Dow）寫道。他所說的「人類之手」就是傑瑞的手，傑瑞必須和這雙操作死亡機械的手一同生活。我一再對他指出此事，看得出他對我越來越不耐煩了。服務生走來幫我們清桌子。

「聽我說。」他雙拳握著餐具，輕輕靠在餐桌邊緣。他沒有發火，而是對這顯而易見的一切、對天真的我輕輕笑了笑。「我沒有為自己殺死任何人。」他寧靜地微微一笑：「你本來就會被殺，我就只是剛好站在負責按按鈕的位子上而已。我是最後的決心，是為你的行為負責任的最後一個人，這樣說你懂了嗎？你當初在外面殺人，就已經知道自己以後會是什麼下場了，你已經做了糟糕的決定，放棄自己的生命了。殺人是有後果的。甜心，那其實就是『自殺』。就是自殺。」

我們隔著一片狼藉的餐巾紙與魚肉殘骸互望，我沉默不語，不知該說什麼才好。他在獄中和外頭花了多年建造腦中這一套架構，讓自己繼續做下去、繼續堅持下去，防止自己精神崩潰，我又有什麼資格推垮他的思想架構呢？美國文學大師瓊．蒂蒂安在《白色專輯》一書中寫道：「我們為了活下去，對自己說了許多故事……我們會在自殺事件中尋找啟示，在五人謀殺案中尋找社會或道德教訓。我們會詮釋自己的所見所聞，然後挑選最可行的選項。」即使是一九六五年印尼種族屠殺事件中的肅清團隊領導人，在滿地鮮血的屋頂上勒死無數人的同時，也自認為是好萊塢電影中那般風流倜儻的幫派分子。我們隔壁桌有人笑了，毫無特色的流行歌曲被廚房鈴聲打斷。傑瑞這個人其實和藹可親，他在學校和孩子們互動的樣子、作為常客和餐廳服務生談笑的樣子，以及和我對話之時，都是如此親切。我完全無法想像他身為處刑人的樣子。

「可是，」我開口說：「你第一次奪走別人的性命時，就不會覺得『我做不到』嗎？還是你當時就確定自己有能力——」

「聽我說。」傑瑞一面說，一面拿起麵包籃，將最後兩塊起司比司吉倒在桌面。「甜心，你沒聽懂。奪走他性命的人不是我，是他自己。這個是受刑人——」他晃了晃手機，「——這個是河。」他拿起空麵包籃，然後又將它放回桌上。「你如果做錯事，就會掉進河裡死掉。」他推著麵包籃經過一瓶瓶啤酒與冰茶，穿過餐巾紙之海。

「你想做壞事嗎？」他拿起手機往籃子裡一丟。「那你就會死。我呢，就在這棟建築物後面——」他把一罐番茄醬推上前。「——我前面是一個按鈕。我沒有按過它，從來沒用過它，也沒必要用它。只要做正確的決定，你就不會來到我這邊，可以直接從我旁邊經過。」他推著麵包籃航行經過黏膩的瓶子。「不要給我按按鈕的機會。我這樣說，你聽懂了嗎？不要把罪過推給我，事情會變成這樣不是我害的，我也不會為這個失眠。」

我說道：「可是換作是我，應該就會為此失眠了。」我也忍不住心想，要是我們去了迴轉壽司店，他解釋起來想必會輕鬆許多。

「是啊，你知道為什麼嗎？因為你會怪自己。如果沒有人來找你，那你有什麼好自責的？如果沒有人犯死刑罪，那你有什麼好自責的？你不知道嗎？仔細想一想吧。你有什麼好自責的？」

「……如果沒有人來我這邊，我也不用做什麼的話？」

「嗯。」

「……那我不就什麼都沒做了嗎？」

「好，很好。」他邊說邊往椅背一靠、舉起雙手，一副成就達成、最後下定論的樣子。麵包籃靜靜躺在我們之間。「既然你什麼都沒做，那還有什麼罪過嗎？」

有時候我喝多了，會不由自主地瞇起一隻眼睛，試圖用另一隻眼睛看清世界，試圖理解公車班表或烤肉店菜單這複雜的世界。雖然此時完全清醒，我還是瞇起了一邊眼睛，試圖擇路走出令人灰心的泥沼，以及沒真正回答問題的一個個答案。傑瑞又輕笑了起來。

＊＊＊

在接受傑瑞的論述，在接受他的行為正確且正當的說法之前，傑瑞必須先完全相信司法系統。案發當時他並不在場，開庭審判時他不在場，他也不是陪審團的一員。他必須相信上游所有人都完成了各自的職責，在公平公正的審判中定罪了犯人。傑瑞的確相信司法系統，他從小就對此深信不疑——在他還小時，兩個黑人警員經常到學校教柔道與空手道，和他成了朋友。那兩名警員都有各自的警車，傑瑞至今仍記得它們的編號：612與613。年僅九歲的傑瑞希望長大能成為警察，當時主要是想自己開車。他對司法系統的信仰，就和他日後對上帝的信仰同樣堅定。

然而，後來發生了兩件事，令他懷疑自己對司法正義的信念。第一是小厄爾．華盛頓（Earl Washington Jr.）的事件：這個男人智商與十歲小孩相當，被控性侵與謀殺之後判了死刑，結果當了將近十八年死囚之後，終於因DNA證據翻案了。當時，他距離踏入傑瑞的行刑室受刑，只剩最後九天。

發現華盛頓清白後，傑瑞開始懷疑過去被處死與等待受刑的人們是否全都有罪了。然而，他雖然信心受到了震撼，卻沒有離開職位。他暗自決定要等到完成一百次處刑（很漂亮的整數）以後再退出處刑團隊。當時，他已經將自己與他人視為處刑專家，不時被派到佛州等地方調查失敗的處刑、糾正他們的行刑方法，並確保他們別再用人造海綿。傑瑞說道，既然第一個暗示沒有用，上帝又丟了顆曲球給他，讓他知道自己已經做得夠多了：他自己被控做偽證與洗錢，在大陪審團前受審且被判罪，後來關了五十七個月。

時至今日，傑瑞仍堅稱自己無罪。他的故事無論在時間上或邏輯上都不怎麼合理，說是一把裝了實彈的槍藏在監獄打字機裡之類的，總之這則故事也和他敘述的其他故事一樣，滿是來自上帝的訊息。他說自己先前出庭作證時滿腹心事，他正準備在三個月內處死十人，這是他成為處刑人後最密集的一系列工作。他當然不會對全法庭的人坦承自己的心事，不可能將連太太都不知道的事情告訴十二個素昧平生的陪審員，總之他當時腦中一片混亂。他在法庭上被問起自己用毒品相關的金錢購車的事情，他說他不知道那筆錢和毒品有關，但他也心想，如果自己能為此被判罪，那無論是誰都有可能被冤枉了。

他太太後來是因為這樁案件，才發現丈夫為維吉尼亞州當了十七年處刑人（恢復死刑後，維州是執行次數僅次於德州的州分）。傑瑞被判罪的新聞登上當地報紙時，他太太讀了報紙才得知他的處刑人身分，到現在，傑瑞仍不知道是誰對媒體走漏風聲。

＊＊＊

就如傑瑞與其他死刑相關工作者簽署後寄給阿肯色州州長的那封信所述，一般人在討論死刑存廢時，極少討論監獄職員長期下來的心理健康問題，人們往往只將焦點放在正義、報復與未經統計證明的嚇阻效果上。但只要你仔細去找，還是能找到前監督官寫的文章，他們提到自己一再練習殺死別人而產生壓力與焦慮感，他們擔心行刑出錯，卻必須在行刑順利時帶著這份認知繼續活下去，以致數十年來經常失眠。一些前處刑人後來成了廢死倡議者，有的寫了回憶錄，有的到世界各國試圖說服上位者停止殺人。作為自由業處刑人在美國六州處死共三百八十七人的艾略特（Robert G. Elliott）在回憶錄《死亡代理人》末尾寫道：「希望在不遠的某一天，美國能立法禁止全國上下的電擊、絞繩、毒氣和其他合法殺人方法。」這部回憶錄出版於一九四〇年，當時的合法殺人方法還不包括注射死刑。

在政府開始使用電椅與注射死刑之前，死刑往往是公開的絞刑，不過美國最後一次絞刑已經是一九三六年的事了。包括作家諾曼．梅勒與菲爾．唐納修在內，不少人認為美國若認真想殺死民眾，就應該在眾目睽睽的公開場合殺人，甚至可以在電視上轉播行刑過程。我們如果看不到死刑，就不可能真正理解死刑，相關爭議也只會繼續在司法系統的表面下化膿、潰爛。平時聽到有人被處死，我們對死刑的看法可能不會改變，但當我們親眼看見一個人在制度與規劃下受死，對於死刑的看法可能就會改變了。法國文豪卡繆寫道，他父親支持死刑，有一天父親目睹兒童殺人犯被斷頭臺斬首後回家在床邊嘔吐，從此之後態度就變了。卡繆表示，法國若真正支持殺死被證明有罪的囚犯這種做法，那就該像從前一樣將斷頭臺擺在民眾都看得到的位置公開處決犯人，而不是躲在監獄牆內處死犯人，然後到隔天早上才委婉地報導新聞。卡繆認為，假如法國真的堅信這一套做法，那就該讓大眾看見處刑人的雙手。

此時的傑瑞一攤雙手，用牧師說教的語氣告訴我們，他在四年後走出牢房時，想法完全改變了。「全世界每一個人都被判了死刑。」他平靜地說道：「死亡是對我們每一個人的承諾，是必然，它總有一天會發生。可是，我們不必用殺人的方式來讓全世界知道殺人是錯誤的。這種事情我們本來就知道了。」現在，他相信司法系統不僅不公且有缺陷，連死刑也毫無意義。傑瑞提出的替代懲罰是將犯人一輩子關在監獄裡，讓他們下半輩子都為自己曾經的罪行承受心理煎熬。「在被他奪走性命那個年輕女孩子的忌日，牢裡的老男人一定會想起這件事。」傑瑞說：「死人會和他一起住在牢裡，他會越來越覺得自己沒辦法呼吸，感覺像被活埋在墳墓裡一樣。他們以前都是這樣告訴我的。他們都說：『吉文斯，我感覺就像被活埋一樣。』」

出獄後，傑瑞找了份新工作，為一家在州際高速公路旁裝設安全護欄的公司駕駛貨車——他認為自己還是在拯救人命，只不過這回其他人也會認同他的看法。自從身分曝光後，他公開了自己的故事，現在經常到全球各地演講，談論死刑的不必要性，以及這份工作對處刑人造成的影響。美國影星摩根・費里曼在探討上帝的紀錄片系列中，收錄了關於傑瑞的一段內容，那一集的主題是為了做自己心目中正確的事而和自己、和信仰奮鬥。傑瑞這周要去瑞士，上周接受了別人的採訪，今天則是輪到我——他滑著手機行事曆，讓我看有多少人邀請他演講、有多少人需要他，他因為親眼見證過死刑，所以能從壞事中提取一些好處。他仍會回母校輔導學弟妹，盡量不讓更多人加入死囚的行列。他甚至寫了回憶錄《不一定會到來的明天》，這本書被歸類為「宗教小說」。

儘管他現在大力反對死刑，傑瑞還是不後悔參與過六十二人的死刑，他相信這些人的痛苦都在死亡瞬間結束了。話雖如此，我懷疑他自己的痛苦才剛剛開始而已。我坐在這裡，問他執行死刑是什麼感覺，但他無法以真正有意義的方式談論自己的感受——他雖然在世界各地發表關於死刑的演說，卻無法真正談論死刑。他透過上帝，透過將死亡歸咎於受刑人過去的行為，將自己作為死亡執行人的角色縮到了最小，卻不允許自己觸及這之中的滔天大罪——在行刑日當天，他甚至能照常吃早餐。他對我說了這麼多，但在我看來，他似乎也不完全相信自己的說法。看著他邊吃魚蝦邊講述這一套理論，我其實有些心疼。當他在深夜驚醒，除了自己之外沒有說話對象時，他會怎麼辦？

傑瑞現在特別關心處刑團隊，反對死刑也是為了監獄職員著想。在談論同僚承受的痛苦與折磨時，傑瑞的話語清晰許多，我總覺得他同樣經歷過自己所描述的創傷。「你得把很多東西憋在心裡，可是一般人沒辦法這樣憋著。」他說：「他們很多會自殺，有些人開始酗酒，有些人開始吸毒。人家受刑人早就死了，一個人等死刑等了二十年，在心理上早就死了，他們早就準備好要接受後面的事情，早早結束了。那剩下來就是負責行刑的人了，他們得執行他的死刑，一直到死都會記得他的死。這會變成他們的一部分，過一段時間以後他們終究會崩潰的。」

有不少人還真崩潰了。哈維爾副警長是紐約州最後一位處刑人，他和前一任處刑人不同，身分一直沒有曝光，所以大眾並不知道他的名字，他也沒收到恐嚇信。哈維爾就是每次開車出門、前往新新懲教所行刑前，都會特地調換車牌的那一位，他在一九九〇年於同一間車庫燒炭自殺。一九一三年到一九二六年擔任紐約州處刑人的約翰．赫伯特後來因精神衰弱退休了，三年後在自家地下室用點三八左輪手槍自盡。為密西西比州毒氣室調製有毒藥劑的唐納．霍克特頻頻作噩夢，在噩夢中殺死受刑人之後看到還有兩人等著受死，他在五十五歲時心臟衰竭而死。

「從這之中解脫的感覺真的很棒。」傑瑞說：「如果說完全不受影響，那你一定是有什麼問題。如果你做這些都沒感覺，那你一定有問題。被判死刑的人已經走了，不用再煩惱這些了，可是你還得煩惱、你還得呼吸，你還得天天想著自己做過的這一切。」

我們起身準備離開，傑瑞將吃剩打包的一盒食物交給我，硬要我帶走。我們跟隨跛腳的他慢慢走向餐廳前門，經過目送我們離去的龍蝦。吃晚餐這段時間，克林特幾乎沒有說話，他很少陪我出來採訪別人，所以盡量少說話，以免我們被他帶離主題。然而，在我推開前門，迎向一月寒冷的空氣時，克林特開口問道：現在死囚還能選擇行刑隊槍決嗎？傑瑞說可以，但不確定哪裡有這種制度，猶他州可能有吧。

「可是你們想想看，」傑瑞站在燈光過於耀眼的陰暗停車場裡，手裡拿著自己的一盒蝦子，對我們說：「行刑隊有五個人，雖然只有一發是真的子彈，但這五個人一輩子都會覺得就是自己殺了那個人，一輩子都忘不了這件事。」

我戴上手套，和他揮手道別。我想像一整支行刑隊的人紛紛戴上手套，揮手道別，腦子裡想著：這就是處刑人的雙手啊。

傑瑞在二〇二〇年四月十三日因Covid-19病逝，訃告中寫道，他是里奇蒙市雪松街浸信會合唱團成員，在教會爆發疫情時罹病逝世。

傑瑞去世不到一年後的二〇二一年三月二十五日，維吉尼亞州正式廢除了死刑。

CHAPTER 7

# 世上不存在永恆

# **遺體防腐師**

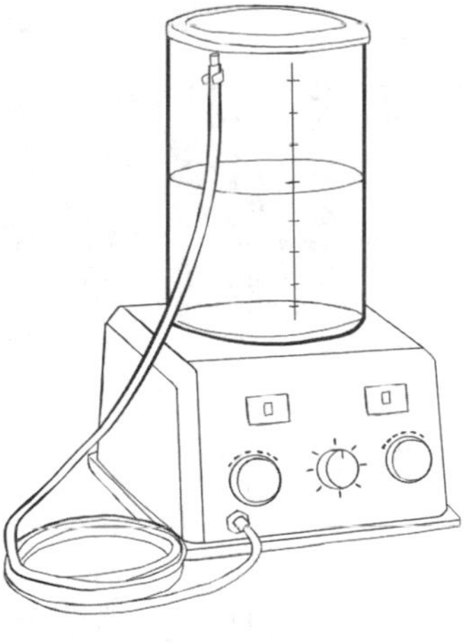

死亡並不是一個瞬間，而是連續的過程。體內有什麼東西故障了，隨著消息傳出，整個系統逐漸關機——空氣停止進出，血液停止流動。腐爛就和死亡一樣，不會一口氣發生，你找不到以完全相同速率腐爛分解的兩具屍體，無論是環境或個人因素都會影響速率，其中包括氣溫、衣著與體脂肪。

話雖如此，最基本的幾個階段還是大同小異：死亡數分鐘後，缺氧的細胞開始自毀，細胞內部的酶會侵蝕禁錮它們的細胞膜。死亡三、四個小時後，體溫下降會導致「屍僵」從頭部蔓延到腳部。肌肉裡頭的蛋白質少了能量來源便會僵硬、固定在原處，首先是眼皮，接著是臉部與頸部，十二小時後整具身體都會變得僵硬，接下來二十四小時——甚至是四十八小時以上，都會固定在屍僵開始時的姿勢。接著，屍僵會照剛才的順序消失：眼皮、臉部、頸部，全身都放鬆下來。下一個階段，「腐敗階段」就會在這時開始。

遺體防腐師的工作並不是永久中斷這個過程，而是讓過程慢下來。全球各地從數千年前就有了遺體防腐習俗，不同族群有不同的方法與動機，有些是為了宗教信仰，有些是為了其他理由。在歐洲，遺體會為了方便運輸與醫學研究而做防腐處理，十八世紀英國怪人牙醫布薛爾（Martin van Butchell）則是為了鑽婚姻契約漏洞而為太太的遺體做了防腐處理，因為只有在太太仍在地面上時他才得以留在太太的屋子裡……不過這也可能是他自己捏造的謠言。無論如何，在一七七五年，布薛爾往太太遺體內注射了防腐液與染劑，幫她穿上婚紗後放在客廳裡一口玻璃蓋棺材裡，甚至幫她裝上玻璃眼珠，直到第二任妻子終於忍無可忍為止（相信我們都能同理她的感受）。

現代美國人辦喪事時，遺體通常都經過防腐保存，而這種傳統始於南北戰爭時期。在此之前，美國和歐洲大部分國家一樣，只對醫學研究用的大體進行防腐處理，然而隨著戰爭惡化、死亡人數攀升，較富裕的家庭會要求總參謀長將子弟遺體送回家，這時總參謀長便會請一組人尋找死者、將他們運送回家鄉。還有一些人親自前往戰場，尋找家人的遺體。在最理想的情況下，遺體會裝入密封金屬棺或可裝冰塊的棺材裡，經由鐵路運送回家鄉，不過這段路途終究遙遠，無論是金屬棺或冰塊延緩腐爛的效果都差強人意。

在一八六一年，一位年輕上校——曾在林肯總統故鄉的律師事務所擔任律師助理的艾斯華斯（Elmer Ellsworth）在維吉尼亞州作戰時，為了搶下一間旅館屋頂上的美利堅邦聯旗而被射殺。他的遺體經過霍姆斯醫師（Thomas Holmes）免費防腐處理，後來新聞媒體報導了艾斯華斯死亡有關的所有新聞，其中包括葬禮上遺體異常「栩栩如生」的狀態。法國發明家甘納爾（Jean-Nicolas Gannal）先前曾著書詳述自己為解剖學研究保存遺體的方法，該書在一八四〇年代翻譯成了英文，霍姆斯就是從書中學到了新式動脈防腐技術，在戰爭爆發前花了數年做相關實驗。

林肯總統在一八六五年遇刺身亡後，遺體同樣被運到了遠方，從華府一路送回遠在伊利諾州的家鄉，最後才入土為安。那趟路程費時三周，路上經過七個州分、十三座城市。他的遺體躺在開蓋的棺材內，供數以千計的人瞻仰，所有人都看見了防腐師的傑作——這確實是一具屍體，卻不像人們看過的其他具屍體。在戰爭時期，民眾大多對防腐師抱持懷疑態度與敵意，一些家庭對美國陸軍舉報了防腐師，表示他們受到了詐欺，還有至少兩位防腐師因挾持遺體要求家屬付款而遭正式起訴。然而，在林肯死後，世人開始追求遺體防腐，防腐也從此成了重度商業化的產業。

波多黎各一位防腐師做得十分極端，將遺體調整為不同姿勢，在守靈時讓人們看見雕像般的遺體：死去的拳擊手被撐起來站在擂臺一角，表示他仍不服輸；因子彈喪命的幫派分子，手裡仍握著大把大把的百元鈔票。不過一般而言，防腐處理是為了讓遺體看起來像什麼都沒發生過。遺體防腐師的任務，是讓死者看上去像熟睡的活人，他們扮演藝術品修復師，將畫作修復回原本可能的模樣，使生與死之間的界線變得模糊。但既然人已經死了，為什麼要假裝他們還活著呢？

一九五五年，英國人類學者戈爾（Geoffrey Gorer）在〈死亡的色情〉一文中寫道，現代人死時，「醜惡的事實被無情地隱藏，防腐師的藝術，是門全然否定現實的藝術」。從此之後，這就成了死亡相關著作與防腐教科書中人人爭論的一大議題。後來在一九六三年，潔西卡・密特福德（Jessica Mitford）出版了《美式死亡》一書，以極為幽默卻又激進的視角觀察殯葬業，並且毫不留情地揭發了許多醜聞。密特福德探討了殯葬業的所有層面，發現業者竭力以高價販售各種物品與服務給消費者，業者為各種商品取了難懂的名稱，還有業者假借法律的名義欺騙消費者，讓消費者以為法律強制他們做某些事情。防腐處理並沒有永久保存遺體的效果，且雖有許多防腐師聲稱未防腐的遺體會對生者身體健康造成影響，她也找不到這種說法是否正確的明確答案，於是她提出防腐處理不過是禮儀師用以撈錢的一種服務罷了。密特福德全書的主旨是：殯葬業是在趁火打劫。

密特福德雖然寫得武斷了些（你若對遺體防腐師提起她的名字，氣氛會瞬間凝固），不過正如她所說，死亡的價格可不便宜，即使到現在仍有人為了辦最基本的喪禮而透過線上平臺集資。隨便走在倫敦市內維多利亞時代的墓園裡，你就會知道土葬是多麼昂貴，但過去與現在還是有很多人願意支付這筆高價，死亡當然也是一種炫富的途徑。

在談到遺體防腐時，密特福德懷疑禮儀師「在對自己有利時戴上精神科醫師的面具」，聲稱遺體防腐能給悲痛的生者一些安慰與療癒。我在十五年前閱讀她的著作時，十分欣賞她的態度，當時不曾接觸過遺體防腐或相關業者的我也產生了相同的態度，只覺得密特福德的說法很合理。

後來，親切的退休防腐師隆恩與他太太金恩坐在咖啡廳餐桌對面，對我說道：他見我在一篇雜誌文章中將遺體防腐的物理程序描述為「暴力」過程時，心裡很是受傷。這時我們已經聊了數小時，聊了他的生平與事業。當初是約翰・特瓦耶博士建議我來和他見一面的，隆恩・特瓦耶是約翰的父親，約翰現在擔任巴斯大學死亡與社會研究中心主任也是受了父親影響。

隆恩七十一歲，是個肩膀寬闊的高大男人，寬額頭令我聯想到阿諾・史瓦辛格。在聊到遺體防腐之前，他對我敘說自己在殯葬業工作這三十五年所目睹的種種變化。他談到了一九七〇年代的安寧照護運動，該運動始於一九六〇年代的倫敦，推動者西西里・桑德斯（Cicely Saunders）後來將運動帶到美國，逐漸改變了我們對死亡的態度。在那之前，死亡在人們心目中是一場狂亂的醫療戰爭，後來人們逐漸改觀，改而坦然接受死亡。隆恩最初成為禮儀師時，大部分死亡都發生在醫院裡，少數幾例是在路上或鐵軌上，不過到他快退休時，大部分時候都是由他登門造訪將死之人，平靜地坐在床邊陪伴即將死去的人們。他告訴我，過去數十年來宗教的影響力逐漸衰弱，禮儀師所扮演的角色也跟著發生變化，他們從前不過是負責處理遺體、完成例行公事的人，照顧靈魂與哀悼者的工作則由教會完成，而現在禮儀師工作還包含某種程度上的心靈輔導。在隆恩過去就讀、後來任教的明尼蘇達大學，接受殯葬業訓練的女性比例從原本接近零，提升到了現在的百分之八十五。

「我在一九七七年剛開始教書時，加入我們學程的女人不是殯儀館老闆的女兒，就是殯儀館老闆的媳婦。」隆恩說道。「也不是說男性殯儀館老闆不肯請女性禮儀師，但這份工作的工時太不正常了，而且你又得和同事近距離相處，所以業內人士的配偶都不怎麼希望這些女人加入殯葬業。我們只能努力和這種想法對抗，那還真的不簡單。而且，很多人覺得女人體力不夠，或者是心理上沒辦法面對這份工作。這一套說法全都是狗屁。現在就很常看到女性禮儀師了，這個行業變了，它革新了。」

「女人為原本不近人情的殯葬業添了不少溫馨和同情。」坐在隆恩身旁的金恩補充道；金恩的主業是教師。「男人從小被灌輸要堅忍、堅強的觀念，女人就……你是女孩子，所以對別人親切和善也沒關係。」她稍微翻了個白眼。「我現在這樣說聽起來很可笑吧？但大家就是比較能接受女孩子的溫柔。」

話雖如此，有些事物是永遠不變的。隆恩在談笑間告訴我，他從前在威斯康辛州天寒地凍的冬季，還得用波本酒買通掘墓人，請他們在大冷天出來工作。他還告訴我，禮儀師自己去世時，往往是用價格最昂貴的棺材入殮——都是他們用批發價購入後賣不掉的存貨。「這下他們終於可以把青銅棺材用掉了！」他笑著說道。隆恩講述的故事很多都令人忍俊不禁，但也有一些故事令我落淚。他談到一座小鎮上的愛滋危機，他當時親眼看見家屬禁止死者的愛人與朋友參加喪禮、最後一次對親愛之人告別。當時全美許多殯儀館都拒收愛滋病患者的遺體，而隆恩的殯儀館不只幫忙處理這些人的後事，他甚至會在公司留到下班時間，偷偷放死者的親友進去。「那段時期真的很危險。」他靜靜說：「我做的事情可能會引起當地居民的反彈，或是影響我們的生意。我們那時候不得不謹言慎行。」

隆恩很明顯不是金錢至上主義者。他從前和其他禮儀師一樣，每到感恩節就用火雞「賄賂」神職人員，但這是因為當時生意往往是神職人員介紹上門的。「要是神職人員不喜歡你，那場喪事絕對不會介紹給你承辦，你也別想繼續做這一行了。」這個男人曾協助悲痛不已的家長替死去的孩子穿衣，而此時在咖啡廳裡，他回憶起一般人很少注意到的小細節：父母在看見嬰兒小小身軀上的解剖切口時，常常稱之為「疤」——這個字帶有傷口已經癒合的意味，一個字就透出了為人父母的心碎。出了殯儀館，隆恩也會到一些互助團體幫忙，支持年輕寡婦與孩子不幸被殺害的家長。少有人願意談論死亡的黑暗，但隆恩願意。有一次，一名十五歲少女車禍身亡，他還特地請女孩的校長讓她的同學參加喪禮。他對校長說明了同學們在場見證葬禮的重要性，並表示參與喪事是每一個學生哀悼過程中重要的一環。死者家屬直到後來才得知此事，我在少女母親寫給隆恩的信中讀到了滿滿的感激。

我曾在一篇雜誌報導中將遺體防腐描述為「暴力」行徑，但隆恩不這麼認為，他還頻頻提起那篇報導，拿我開玩笑。「我一直認為那是一種出於同情的行為。」他現在告訴我：「我父母死後，都是由我親自做防腐處理。」

「你覺得那對你有……療癒效果嗎？」我借用密特福德認為頗具爭議性的「療癒」一詞問道。

「我想想看喔……」他故意擺出若有所思的表情，然後笑了笑，我已經猜到他下一句話了。「至少它絕對算不上『暴力』。」他說他已經退休多年，所以無法親自帶我認識遺體防腐工作，但還是鼓勵我找人讓我觀看防腐過程。隆恩告訴我，我如果試圖從文字敘述理解這份工作，就會錯漏其中許多部分。

也許只有隆恩能改變我的想法，讓我不再認定遺體防腐不過是商業操作，但我還是認為用人為手段掩飾屍體，就等於認同了「有些真相太過醜惡，還是別面對它們比較好」這種理念。世上的確存在一些醜惡的真相，可是我不認為死亡是其中之一。這時，隆恩說起了一名越戰軍人「無法瞻仰」的遺體──他二十二歲那年一共收到了九具越戰陣亡的軍人遺體。在死者父親的堅持下，隆恩撬開了運送棺材釘死的金屬棺蓋，讓那位父親看見兒子燒得焦黑的骨骸、肉體組織與狗牌。「有時候，我們看到的東西和他們看到的東西不一樣。」隆恩說道：「我做這一行學到了一件事：我們常以為人們不夠堅強、沒有能耐做一些事情，但我們錯了。」隆恩並沒有告訴我，人們永遠不該看見屍體的真實樣貌。

也許這之中還存在另一個因素，也許大眾忽略現代防腐師的工作、將他們視為剝削消費者的奸商，是因為他們的工作成果不容易看見，客戶只看見了帳單上的一筆款項。也許這之中真存在某種心理因素──畢竟在為雙親做防腐處理時，隆恩不僅是花錢請人辦喪禮的家屬，同時還是提供防腐服務的專業人士。

* * *

菲利普・高爾博士從辦公室探出頭來，說他馬上出來。高爾博士的家族從一八三一年便在當地殯葬業扎根，起初以製作喪葬用服裝維生，後來開始為當地死者做防腐處理與安排葬禮。高爾博士身材高瘦，戴著眼鏡的模樣令人聯想到貓頭鷹。我來得太早了，他得先將絲布背心扣好才願意走入寧靜的等候區，他彷彿忙著穿上戲服的演員，直到梳妝完畢才會登臺。他當初加入家族事業，也是受到喪禮的戲劇元素——馬匹、羽飾與儀式——吸引，他說他喜歡這份工作的「鋪張與隆重」，喜歡將精心準備的畫面呈現在他人眼前。他和隆恩一樣，親自為父親的遺體做了防腐處理。

我們在他的辦公室裡坐了下來。高爾博士是英國防腐師學院的副院長，負責傳授遺體防腐技術的歷史，也擁有該學科的博士學位，由此可見，他已花數十年時間思索遺體防腐為何以現今的形式存在，以及導致防腐工作隱形的種種社會因素。在過去，社會大眾的觀念與今天不同，在一九五〇與一九六〇年代，他父親那個時代，大家對死亡的自然過程與現實認識較深，這有一部分是因為那個年代許多人們經歷過戰爭，也有一部分是因為當時人並不會將遺體送到殯儀館。當時人死後仍會留在自己的社群、自己的家中，家屬會將棺材放在起居室，等著讓客人來見死者最後一面。

老高爾的團隊不是坐在辦公室等遺體送上門，而是會外出工作。「等到情況變得比較有……『挑戰性』時，他們就會蓋上棺材，用螺絲固定棺蓋。」高爾博士說：「那時候就只有這麼一個選項。我們現在已經是二十一世紀了，有很多減緩那些問題的辦法。」四十年前，高爾博士剛開始從事殯葬工作時，他記得自己看過遺體腐爛的「殘酷現實」，例如火葬場或靈車裡的一灘液體。「那雖然是現實，但還是讓人相當不舒服。」他彷彿嘗到難吃糕點的大嬸，露出批判的神情。

在從前，人死後通常過四、五個工作天便會下葬，所以較少人做遺體防腐。現在呢，英國每年約百分之五十到五十五的遺體會做防腐處理（專家估計美國的比例也差不多，但美國殯葬業者並不會公開相關數據），這是因為現在喪禮需要較長的時間做準備，一部分是因為人死後的文書程序較繁瑣，還有一部分是因為喪禮的時間不好安排。舉例來說，鄰近的賽尼特區人口多達十一萬人，卻只有一間火葬場，因此大部分的人喪禮都辦在死亡三周過後。

「喪禮的時間很難安排，除非有人想早上九點半辦喪事。」高爾博士說：

「哪有人想大老遠趕來參加『早上九點半』的喪禮？還有，冷藏技術當然很棒沒錯，但如果你出遠門三周以後回到家，你知道冰箱裡的東西變成什麼模樣了嗎？你甚至不會想打開冰箱。」他微微一笑，雙手交扣在下巴下。我想到太平間裡的亞當，他那時已經死亡超過兩周了，但只有在我們搬動他時，他身上才會飄出死亡的氣味。

高爾博士的用字遣詞十分巧妙，這是他在死者家屬身邊工作四十年習來的技能，他早已學會揣測辦公桌對面的人想知道多少。殯葬業到處都聽得見經過美化修飾的詞句，而這也是潔西卡・密特福德對殯葬業的一大意見，但高爾博士沒對我這麼說話，我為此表示感激。「這是因為你今天來見我，不是因為家裡有人去世啊。」他說，我如果是喪親者，他就會將防腐處理流程描述為類似輸血的動作，一般人聽到這裡就不會再問下去了。

他所說的死亡「殘酷現實」現在已經少有人看見，我們甚至不會擔心在喪禮上看見這些畫面。英格蘭與澳洲人辦喪事時一般會蓋棺，而美國人一般會開棺，像林肯去世時一樣讓哀悼者瞻仰死者的遺容。在英國，死亡比起公開活動，更近似安靜的家族活動，真正看見遺體的人較少，有時死者親友甚至會選擇不去瞻仰遺容。假如有人想看看死者，禮儀師會將遺體停放在殯儀館的安寧教堂（其實就是殯儀館裡的小房間，在有宗教信仰的人眼中它才有宗教意義），讓大家瞻仰遺容。這時，家屬就可以看到防腐師的傑作了，但即使是自己同意購買「衛生處理」服務（殯葬業者經常如此稱呼防腐處理）的家屬也很少會注意到防腐處理的結果。處理結果往往顯得無比尋常、再普通不過，反而讓人完全猜不到這「正常」畫面背後的驚人技術——至少，高爾博士是如此告訴我的。

我當然不曉得我們談論的是什麼了，畢竟我沒看過屍體防腐處理前後的樣子。我看過處理後全身腫脹的研究用大體，但那又完全不一樣了，因為大體老師的防腐處理是出於實務需求，而不是為了在親友面前呈現死者原本的樣貌。我看過知名死者防腐過後的照片：列寧裝在玻璃箱中、看似完好無損的遺體——他雖然已經死去將近一個世紀，卻因為持續不斷的防腐保存而幾乎未變。彷彿沉睡在閃亮金棺材裡的艾瑞莎．弗蘭克林，穿著亮片高跟鞋的雙腳還用白枕頭墊高。兩歲生日一周前死於西班牙流感的蘿沙麗亞．倫巴多，最後一具和修道士一同葬入西西里島巴勒摩市卡普奇尼地下墓穴的屍體——她靜靜躺在一口玻璃蓋小棺材裡，一直到最近才開始變色。問題是，看見因人為處理而顯得栩栩如生的屍體，對我們有任何益處嗎？

隆恩．特瓦耶之前告訴我，他觀察到喪事當中宗教元素逐漸減少，而高爾博士認為，正是因為宗教元素減少，死者遺體在哀悼過程中的重要性也逐漸提升，防腐師的重要性也逐漸提升了。「在主流宗教觀念下，每個人是由身體和靈魂兩部分組成的。如果你不相信靈魂的存在，那就只剩下肉體部分。在葬禮結束以前，你會有一種那個人死了卻還在那裡的感覺，有些人就是需要這種死後還存在的聯繫，這時候他們就能去安寧教堂看看死去的親友。」

我不知道有多少遺體防腐師對潔西卡・密特福德說過屍體不衛生或者會造成危害，但高爾博士並沒有對我提出這類言論，實際上屍體也並不危險，不會造成衛生問題。英國沒有法令要求一定要為遺體做防腐處理，除非那具遺體必須運送到外國，那就得完成符合該國規定的防腐保存。話雖如此，高爾博士認為人最終的形象還是十分重要。「假如你住在國外，很久沒和母親見面了——很多人都是因為住得遠，所以很少團聚——這時候如果有機會來和她相處一下，可能會對你非常有幫助。」

「所以才不希望你對她最後的印象是——」

「——那種令人絕望的畫面。這『的確』是在掩飾事實，但事情很諷刺，你要是對別人說：『我們不做那些處理，這就是她真正的樣子。』這對他們有任何幫助嗎？我覺得答案很可能是『沒有幫助』。」

我思索了片刻，試圖想像我在那種情況下想要看到，或者預期自己會看到的畫面。先前在波比的太平間，我看見的屍體看上去都毫無生氣，死者死氣沉沉的模樣並沒有對我造成創傷，不過話說回來，我並不認識生前的他們。假如我在一段較長的時間內看著某人逐漸死去，看著他越來越消瘦、和以往的樣貌越來越不同，自己也逐漸接受了他的死亡……那後來短暫地看見他栩栩如生地躺在棺材裡，是否會改變我這種接受死亡的態度呢？「我覺得誠實的言行和事物比較能讓我安心。」我說道：「該不會只有我這麼想吧？」

「當然不只有你。但問題是，有些時候，大家想像中的『誠實』和現實很不一樣，他們看見現實反而會大吃一驚。」他耐心地解釋：「諷刺的是，是我們自己創造了這個未知的世界。我們在電影裡看到的每一個死人都是活人扮的，一般人死去之後根本不是長那個樣子，可是大眾並不明白這件事，或者沒能意識到這件事。遺體防腐技術在這個國家已經有一百五十年歷史，現在說『我們別再防腐，還是回歸本源吧』已經有點晚了。」

高爾博士答應要幫我介紹一位遺體防腐師，讓我認識防腐程序。我謝過他，保證不會將事情寫成恐怖故事——我為了寫這本書採訪的所有人都懷著類似的憂慮，這也不難理解，畢竟記者與編輯大肆渲染死亡工作者相關新聞已經不足為奇了。儘管對記者的印象極差，英國防腐師學院還是希望能教育對這門學問感興趣的人，對此我感到感激又抱歉。

＊＊＊

一個月後，我在倫敦南部另一家殯儀館後門外等待，旁邊是一間開著捲門的車庫，裡頭停滿了一塵不染的黑色靈車與禮車。笑容滿面的凱文．辛克萊從幾個垃圾桶之間走出來，他沒有對前檯人員說明我的來意，而是直接帶我溜進後門。凱文五十歲出頭，早在將近三十年前就考到了防腐師證照，也當了大約十五年的教師，自己開了間防腐師學校……不過比起教你如何為遺體做防腐處理的老師，他更像是你會約去當地酒吧一起吃小蝦餅的傢伙。

他請我在通往安寧教堂的木拱門邊稍待片刻，有人推著一口大松木棺材從我身旁經過，消失在一對門後。我聽見兩個殯儀館員工在車道上爭論，似乎是某個家庭付不起葬禮的費用，那些人好像被極為麻煩的遺囑給綁住了手腳。

「他只要證明家屬有夠多的錢就好了啊。」

「幹，什麼屁話。」

這是殯儀館的實務面向，只有員工在後門外休息時你才會聽見他們用正常音量交談。在殯儀館辦公室裡，在家屬會去的區域，你甚至連自己踩在地毯上的腳步聲也聽不見。

凱文招手要我進到準備室，幫我介紹了他之前的學生蘇菲，我們今天就是要觀察蘇菲工作。她微微笑了笑，對我揮手打招呼，然後轉回去面對躺在我們之間的遺體。這是一名三周前死於肺癌的男性，遺體蒼白、身形修長，小腹生了整齊的深色陰毛，而腹部則在過去數日間逐漸變成了青綠色。

蘇菲今早做了我們之前在波比那邊做的工作，移除死者身上所有的插管與醫院手環，另外還清洗並吹乾了他的頭髮，頭髮現在看上去十分鬆軟。但是，在為男人穿上衣物前，我們還必須完成一些額外的工作。蘇菲已經在他眼皮下放了眼蓋（eye caps），這是一種墊在眼球與眼皮之間的凸面塑膠片，可以讓死者的眼睛顯得沒那麼凹陷。肯揚公司的麥奧在解釋為什麼視覺上辨識死者會有困難時，就是這個意思：我們往往會用別人的眼睛外觀來辨認他們，但是死者的眼睛已經不是我們記憶中那個模樣了。

我在為亞當穿衣、準備將他放入棺材時，覺得他的眼睛像牡蠣，而現在這個人的眼睛不像牡蠣，看上去就像是活人熟睡、閉上的雙眼。死亡面具雕塑師尼克在製作印模時，就是想看到這樣的眼睛，如果在鑄模時死者的眼睛已然凹陷且沒有放眼蓋，他就只能自己用雕刻的方式做出這種效果。

蘇菲接著將死者的上下顎綁在一起，以免他的嘴鬆垮垮地張開。這是套麻煩的侵入性程序，而且描述起來更為麻煩。蘇菲必須和死者面對面，將他的頭向後仰之後把他的嘴張到最大，然後將一根彎曲的大針與縫線從他舌頭下方、下排牙齒後方插下去，穿過下巴的肉之後拉出來，接著將針穿回同一個洞裡，這次從下唇後方穿出，讓線勾住U形的下顎骨。蘇菲會將線拉緊，等等就能將下顎和上顎縫在一起了。她將針從男人上唇下方穿過去，進入左鼻孔，穿過鼻中隔插入右鼻孔，最後又從上唇下方穿出來。這時再拉緊縫線，男人的嘴就會閉上，她便能將線的頭尾綁好後藏在男人嘴唇後。你如果不了解這套程序，就完全不會注意到他下巴正下方的小孔，他的樣貌乍看下再自然不過。

雖然想像自己的嘴被縫死、再也無法出聲說話，我就感到驚恐無比，觀察蘇菲工作時我倒不覺得恐怖或噁心。假如男人還活著，這就會是可怕的酷刑，他應該從頭到尾都會悶聲尖叫吧。我站在蘇菲身後看著她做事，上下顎不由自主地動了動，彷彿在對自己證明躺在工作臺上的人不是我。雖然知道男人已經死了，不會再用到嘴巴或嗓子了，看到他毫不抵抗地靜靜躺在那裡，我還是覺得這一幕有些感人、有些哀傷。你無論對屍體做什麼，他都不會抗拒，而這些人所做的一切都只是為了讓他看起來像生前的自己罷了。

我和凱文移到房間另一邊，靠著堆滿紙張、塑膠箱與更多紙張的鋼製長桌，以免妨礙蘇菲工作。這個房間沒有窗戶，是個與外界隔絕的明亮白箱，你彷彿被真空包裝在自己的小世界裡。冬季是他們的忙季，防腐師有時清晨四點來上班，一直到晚間十點才下班。在工作時，他們和外界唯一的連結就是收音機，判斷外頭天氣好壞的方法，就是觀察送貨員的衣著。

雖然還沒看到它，我已經嗅到了防腐液陌生卻又熟悉的氣味，它揉合了高中生物實驗室與指甲油的刺鼻氣味，而且味道會越來越重。晚點回到家以後，我會發現自己的牛仔褲沾滿了那種氣味，濃烈的化學藥劑味侵占了家裡空間。凱文解釋道，比空氣重的甲醛氣體會從防腐液中蒸發出來（我點點頭，之前妙佑醫院的泰瑞在介紹解剖實驗室接近地面的通風系統時，我已經聽過一次了），但過去未注意到相關安全與健康問題時，大家認定所有氣體都會往上飄，因此防腐室的空氣濾網往往裝設在牆壁高處，這就表示整個房間都充滿甲醛氣體、防腐師整顆頭都泡在甲醛雲裡之後，空氣濾網才會開始起作用。

凱文的嗓音低沉而沙啞，即使和他相隔幾道牆你也聽得見他說話時的震動聲，他說這是他與化學藥劑為伍數十年的結果。他估計自己多年來處理了超過四萬具屍體，長年呼吸甲醛氣體對他的嗓子造成了損傷。「我其實已經八十四歲了，只是保養得很好。」他笑著開玩笑道。

「我們做防腐處理的理由有三個。」他將話題帶回我們面前的遺體身上，豎起三根手指進入教學模式。「衛生、外觀、保存。蘇菲現在是在調整死者的臉部，目標是讓這個人臉部呈現出他原本的模樣，不過我們不認識他，所以只能憑線索去臆測他生前可能露出什麼表情。」我問他們會不會用照片做比對。「有時候會。」凱文說：「平常都是用猜的，還有從死者的外觀來判斷。如果要做臉部重建之類的工作，我們就得用照片了，這樣才能重建出正確的尺寸比例和膚色。」

他後來告訴我，從前有個男人故意站在鐵軌上，想等列車來時再跳開，結果就這麼死在了兩個年幼的兒子面前，凱文還得將他的頭骨一塊一塊像拼圖一樣拼湊回去、用鐵絲固定住。凱文說他都盡量不單憑死法批判當事人，但有時實在會忍不住萌生對死者的意見。

我們面前這個男人仍然僵硬——在冰櫃的低溫下，屍體腐敗速度慢了下來，一般在陽光下來得快、去得也快的屍僵因此延長了。蘇菲一次抬起他一條長腿，用力彎折膝部，發出舊皮革錢包被用力擰轉的聲響。「只要這樣做一次，他就不會再恢復屍僵狀態了。」凱文解釋道。蛋白纖維一旦斷裂便不會修復。

在剛開始處理一具遺體時，防腐師會先評估狀況：這個人死多久了？現在距離喪禮還有多少時間？這個人死前有沒有用過合法或非法藥物，藥物有沒有可能影響防腐液的化學作用？他們會考慮到此處與喪禮地點的天氣：天氣濕熱嗎？現在是二月還是七月？死者是等著送至多間廟宇巡遊的聖人嗎？在一番心算後，防腐師會決定要使用濃度多高的防腐液，暫緩腐爛進程，讓死者送到城市或世界另一個角落時仍處於同樣的狀態。若防腐液濃度過低，遺體可能會腐敗，若濃度過高，遺體可能會脫水——防腐師的專業，就在於這之間的平衡。防腐液越濃，遺體停滯在時間洪流中的時間就越長，但世上終究不存在永恆。

有些防腐液可能會保存得比遺體還久，例如美國南北戰爭中經防腐處理後送回家下葬的士兵，他們在入土後很長一段時間仍不停滲出砷（這種防腐藥劑已在多年前禁用），汙染周遭土壤與地下水。在現代美國，每年隨死者入土的防腐液與致癌物甲醛多達三百萬公升。在二〇一五年，北愛爾蘭幾座墓園氾濫，防腐藥劑浮到了地表，環保倡議者甚至將墓園稱為「受汙染的空間」。我對遺體防腐抱持懷疑態度，不只是因為它隱藏了死亡的真面目，我思前想後還是不確定防腐的利弊得失是否划得來。

將化學藥劑注入遺體以利保存的，不只有西方殯葬業者。美國作家凱特琳・道堤在《從此刻到永恆》一書中介紹了世界各地的喪葬禮俗，其中有一個地區的人特別注重遺體防腐。在印尼的塔納托拉查縣，家屬會定期將死者從墳裡挖出來，清洗他們的身體並幫他們穿上衣服、送禮物給他們、替他們點香菸。在死亡與葬禮之間這段時間，遺體可能會放在家中，有時一放就是好幾年。

身為受過遺體防腐訓練的禮儀師，道堤對這種習俗的情緒層面與實務層面都深感興趣，她得知塔納托拉查人過去會對遺體做類似剝製動物毛皮標本的處理，用油脂、茶葉與樹皮讓皮膚變得堅韌，達到木乃伊化的效果。至於現在，當地人用的防腐藥劑和我此時在南倫敦這間準備室中嗅到的藥劑大同小異。印尼這些防腐處理過的遺體會在日後掘出來和家人重見，還會在節慶時被人立起來跳舞，那自然需要防腐了，但反觀我們的社會與文化時，道堤和密特福德同樣提出了一個好問題：我們如此大費周章保存遺體，真的有意義嗎？

躺在我面前這具遺體並不會在大金字塔裡保存數百年，也不會在二十年後被拉出棺材開派對，他只需度過辦在世界另一頭的喪禮就好。蘇菲選了效力較強的防腐液，確保喪禮能順利舉行。

她接著在死者頸部與軀幹連接處劃兩道小切口，找出左右兩條總頸動脈——你平時按著頸側找脈搏，找的就是這兩條血管。我不由自主地伸手摸了摸自己的脖子，感受自己的脈搏。蘇菲稍微將血管從頸部挑出來（它們看上去有點像兩條烏龍麵），然後把一條細細的鋼製工具墊在血管下方，讓它們微微挑出皮膚表面，動脈被拉得像緊繃的橡皮筋。她用細線分別綁住這兩條血管，不讓液體倒流，然後將透明細管朝軀幹方向插入血管（她之後會把導管反過來插，另外為墊高的頭部做防腐處理）。人體動脈系統成了輸送防腐液的通路，糖果粉色液體流遍全身，取代原本的血液。在液體注入的壓力下，靜脈將血液推往不再跳動的心臟，血液會聚積在心房與心室裡。

「每個死者的防腐過程都不太一樣。」凱文說話的同時，桶內的防腐液越來越少了。「每個人都不一樣，動脈系統也是生下來就跟別人不太一樣，就算是雙胞胎也可能會自然地隨機生長出構造不同的動脈系統，死時心臟瓣膜的開關狀態也可能不同，結果處理起來感覺完全不一樣。」他的語氣沉著而自信，不愧是處理過四萬多個死者的人。有時你試第一次，防腐液就會順利地流遍全身，但有時不會這麼順利——在時間的影響下，血管內可能形成血栓，導致通道封閉。

高爾博士先前提過，人死後有很多相關的文書手續得處理，這些程序不僅會將葬禮時間往後推，還會延遲防腐處理的時程，以致大部分時候防腐師著手處理遺體時，那人已經死去數周了（通常是三周）。外國的情況可能就不同了，例如在愛爾蘭，遺體送到防腐師面前時可能還帶有暖意。至於在美國，凱文表示自己在英格蘭處理的大部分遺體，美國防腐師都會認為是「無法防腐保存」的狀態。然而，人體有六個適合注射防腐液的位置——頸項、大腿上部與腋下，所以即使某個方向行不通，也不代表旅程就這麼結束了。

防腐機嗡嗡作響的同時，蘇菲用按摩的方式在男人皮膚塗上綿羊油，這樣可以防止遺體脫水，按摩也有助於防腐液流過血管、滲入肌肉。她揉著男人的手，我看見手掌蒼白的皮膚綻放出粉紅色。蘇菲仔細觀察膚色變化，看看哪些部位沒有變色，那就表示附近的血管阻塞了。她繼續往男人臉部與手臂塗抹綿羊油與按摩，同時注意整體的效果，彷彿站在畫架前作畫的藝術家。

防腐液流遍他全身血管花費約四十分鐘，過程中我一直懷疑他的身體變化全是我的錯覺。變化微乎其微地發生，我必須隔一段時間望向他處，視線轉回他身上時才能注意到與方才的不同。我彷彿看著遲緩的定格動畫，看見死去的男人起死回生、返老還童：他的肌膚變得豐潤，血管中的粉色造就了溫暖的幻象，臉部也不再是由瘦削五官撐起的皺縮皮膚。「幹，他好年輕喔。」我震驚地說道，然後為脫口而出的髒話道歉，但他們都不介意。凱文越過我們後方一箱箱器材，拿起紙堆最上面那張死亡證明，我原以為死者是七十多歲的孱弱老者，只不過頭髮黑得異常，沒想到他其實是四十多歲的壯年男子。癌症摧殘了他的軀體，脫水現象也抽乾了他臉上殘存的青春。

他長得和我男友克林特幾分相像，此刻的情境感覺比方才詭異許多。我提醒自己，這並不是我戀人的遺體。數月後的某一天，我上網碰碰運氣，想看看能不能查到我在準備室裡聽到的那個名字，結果還真查到了一篇訃告，以及愛他的人上傳的一張照片。照片中的他身材高壯、面帶微笑。家人最後一次看到他，不知是什麼時候？他們是否目睹了他生前最後一段時光，眼睜睜看著他失去生命、逐漸萎縮？假如我認識照片中的他，然後看見我剛進太平間時的他，不知會是什麼感受？我實在無法想像那種心情。太平間裡的他簡直成了不同人，成了一具從內到外飽受摧殘的屍體，防腐處理過後的模樣絕對比一開始好得多。儘管如此，我還是不太能接受「為了美觀而將化學藥劑注入屍體」的心理目的。這個人在生命最終承受了莫大的痛苦，疾病在他身上留下的痕跡不僅是他人生故事的一部分，不也是幫助大家理解與面對傷痛的重要證據嗎？

回到此時此刻的準備室，只見蘇菲在男人腹部劃一小道切口，然後拿起一條二十英寸長的金屬桿。這件工具稱為「穿刺針」（trochar／trocar），末端尖銳且有多個孔洞，握柄處還有透明導管，導管連到了蘇菲身後一臺機器。她將穿刺針插入切口，憑肌肉記憶刺入男人的右心房，準備室裡頓時充斥了吸水聲，血液與防腐液的混合液體流進機器的塑膠收集瓶。「我們移除的血液越多，防腐效果就越好。」凱文解釋道。

血液裡有細菌，細菌會造成屍體腐爛。血液吸引機的嗡嗡運轉聲變得更加響亮了，凱文只能提高音量喊道：「不過抽出來的血液不會有你想像中那麼多！他已經死去這麼久了——血液裡的不同構成物會開始分離。」蘇菲從心臟抽出穿刺針，調整角度後刺入氣管，並將男人的頭部向後仰、將氣管伸直。氣管被刺破的瞬間，我聽見類似驚呼的聲響，但他們告訴我這是機器而非男人發出的聲音。蘇菲往氣管裡塞了些類似棉花與羊毛的東西，還用鑷子將填充物塞進他的鼻孔，達到真空效果，以免液體從鼻子流出來。我看著她的動作，想像棉花塞進鼻腔的乾燥感，不禁呼吸一滯。凱文告訴我，那是和尿片襯墊相同的吸水材料。

我還在驚嘆地看著男人的指尖變為粉紅色，看著他曾經乾枯的雙手變得豐滿柔軟之時，蘇菲轉而將穿刺針刺入男人腹腔。她一一穿刺男人的內臟，預防氣體囤積在內臟之中，這部分看上去就真的很暴力了，簡直像是拿尖物捅死者腹部，不過凱文在對家屬說明這部分程序時會用抽脂做比喻。解剖學校在為大體老師做防腐處理時並不會做這個動作，否則就會毀了學生要研究的內臟。蘇菲將收集到的血液倒入水槽，塑膠量瓶底部黏了些血塊。我注意了一下血量，大概是四公升。我看著這段過程，感覺一點也不噁心，我也完全沒有感到不適。這大概是大腦的微妙之處吧，我看到活人身上一道淺淺的傷口與鮮血會感到不舒服，在乾淨準備室裡看見死人流出的一瓶濃稠血塊，卻沒什麼感覺。這當然還是血液，但不是我平時看慣的血液。

最後，蘇菲往男人腹腔注入綠色的內臟防腐液（cavity fluid），這種防腐液的成分和她剛才使用的液體相同，只不過濃度較高。注入內臟防腐液後，男人的腹部會變得和桌子同樣堅硬，凱文用指關節敲了敲桌面說道：「家屬會握他的手，摸他的臉。那些部位就會做得比較柔軟了。」蘇菲最後用醫用強力膠黏合切口，她終於完工了，但同樣的這套程序她今天還得重複六次。

接下來二十四小時男人都會躺在冰櫃裡，這段期間他全身膚色會變得均勻，不會像剛洗完熱水澡那樣某些部位特別紅，全身的組織也會固定、塑化。他會看上去像是安詳睡去的生者，而儘管方才經歷了這麼多，和我剛來時看到的模樣相比，他還是會顯得更像自己一些。

＊＊＊

家庭室裡，我和凱文之間的桌上擺著一盒我最近見慣了的衛生紙。凱文對我說明自己剛開始從事遺體防腐工作至今這數十年來的科技變化：其中一項當然是準備室的通風系統，除此之外防腐液也比過去安全不少，硬體設備當然也有所進步。由於防腐過程近似外科手術，隨著醫學進步，防腐工具也跟著改良了。近年來，實境節目參賽者開始使用矽性無痕底妝，讓歌手在明亮的光線下不顯得過於蒼白，而防腐師也開始將類似的化妝品用在死者身上，讓他們恢復原本的膚色。

然而，儘管科技進步這麼多，若只將重點放在最基本的「防腐保存」原則上，防腐師其實到哪裡都能工作。他們能在缺乏電力的叢林小屋裡，用攜帶式器材與手動泵完成防腐工作，同時等著災難處理團隊其餘人將罹難者遺體從岸邊拖回來

——我參觀肯揚公司的倉庫時，麥奧就將他們的攜帶式防腐器材拿給我看。只要使用堆在倉庫裡的摺疊桌，他們就能在海嘯過境後處理遺體，能在旅館房間與戰場上處理遺體。我在克羅伊登鎮這間殯儀館目睹的這一切，防腐師都能在死傷慘重的災難現場做到。防腐過程不必鋪張，它就只是防腐師與屍體之間的事而已。

凱文曾在遠方一座島嶼上的網紗帳篷裡，為海上空難溺死的乘客做防腐處理。這些人若不是在飛機上早早讓救生衣充氣，或許還有機會活下來，但他們困在飛機上，海水湧入時他們被推到了天花板，最後在機艙裡溺斃了。凱文曾在幫一名男性死者脫下上衣時，看見寫在衣服上的一封信；這個人知道飛機即將失事，卻還能保持幾分理性，在布料上寫下還算工整的一封信給自己的妻子。他知道紙張容易遺失或損毀，但上衣有機會和遺體一同被尋回。凱文曾在阿富汗照顧英國軍人的遺體，重新排列斷骨與焦黑的殘塊，在軍服裡拼湊出死者的肢體，準備送回國給他們的母親。

「這是你能為他們做到的最後一件事。」凱文說：「我是在給他們最後的尊嚴，這對我來說是一份榮耀。在不知情的外人看來，我們做的事情好像很粗暴，但『辨認』也是哀悼過程的一部分。我們希望死者能在家人面前展露最好看的一面，幫助家屬接受和放下。家屬已經經歷了不信、憤怒和悲傷，看到遺體之後，他們才能繼續走下去。」

我對凱文提出了先前問過高爾博士的問題：家屬看見明顯已死去的死者，是否會受到傷害？凱文說道，有時人可能會因此大受打擊，這對他們沒有幫助。人往往不願去想最後那場車禍、自殺或癌症，只想想到那之前的生活——足球賽與下午茶。凱文說他的任務是勾起這些生活回憶，讓家屬聚焦於失去親人的哀傷，而不是執著於死法。

「我們想影響他們的各種感官，所以除了外表以外，我們還會用到氣味：鬍後水、香水之類的。」他說：「有些人可能會用特定一種香水，你平常還沒看到他們，光是聞到那種氣味就知道他們在附近了。這一切都能勾起各種回憶。」氣味確實能讓你頓時回到過去，有時我在路上經過身上沾有松節油氣味的男人，也會在一瞬間回到三十年前、回到父親腳邊，看著他用總是乾不了的便宜油彩作畫。

除了氣味以外，衣服也可能藏有回憶。凱文曾為一名「聖誕老人」防腐與更衣，也曾輕輕幫一名過世的老嫗穿上以前的婚紗——她當年撿了德軍遺棄的降落傘絲布，一面親手縫製婚紗一面等著從軍打仗的戀人歸來。

在美國，化妝是防腐處理的一大重點（我在肯揚翻閱雜誌時，看見一組化妝品的廣告，號稱能「視覺上改善眼睛凹陷的狀況」，在心動的一瞬間過後才想起這是什麼廣告），不過英國人較少為遺體上妝。如果有家屬提出化妝的要求，凱文會請他們將死者常用的化妝品帶來，然後在準備室裡玩偵探遊戲。「我們不會問他們問題，只會把化妝盒打開來觀察。裡頭可能會有四五條口紅，其中一條只剩最後一小截，那就是死者生前最愛的顏色。你可能會找到這麼小一根的眉筆——」他將拇指與食指湊近一比，像在捏螞蟻似的瞇起雙眼：「——這就是他們最愛用的一枝。眼影可能也有好幾種顏色，可是其中一種已經被用到只剩薄薄一層，他們最常用的就是這個顏色。」

在他停頓的當下，我忍不住出聲說：「一個大男人竟然幫女人畫眉，你也太勇敢了吧。」

他搖了搖頭，為眉毛這荒謬的問題哈哈大笑。「真的好難啊！你們為什麼要把眉毛拔掉再畫上去？我還真不懂。」

我回想到為自己父母做防腐處理的隆恩．特瓦耶與菲利普．高爾，他們明明深知這都是人造的假象，自己的親人去世時，他們還是做了防腐。我聽他們的敘述，他們在處理親人時似乎都是用平時的方法，但現在我不禁好奇：如果你對對方生前的容貌再熟悉不過，那在做防腐處理時是否得面對較困難的技術挑戰？

「你如果認識那個人，那的確會比較難。」凱文說道：「這不是處理過程的問題，而是因為你還記得他們生前的模樣，可是你不管怎麼處理，都沒辦法讓他們完全恢復從前的樣子。我和一間公司合作處理了很多名人，用他們在舞臺上的照片做比對，這時候就會對自己要求特別高。他們總是會不太一樣，因為原本的肌肉線條不見了，死後的表情也不一樣。我會花更多時間做各種調整，努力實現腦子裡那個畫面，卻從不覺得滿意。」

我問他會不會想到自己的死亡，他開玩笑地說起他為自己規劃的喪禮：他打算在棺材每一面貼上不同角度拍攝的照片，用真實大小的照片讓所有人看見他只穿一條三角褲、幾乎全裸的樣貌。「我看過太多太多的悲傷了，只希望能讓人笑一笑。」

我試著重複問題，問他會不會想到自己的死亡。他說不太會，但如果他認識的人宣佈罹癌，他就會想像最差的結果，因為他除了這個結果以外什麼都想像不了了。準備室裡看不到罹癌後康復的故事，只看得到凱文所謂「無可避免的終點」。

凱文的父母經營殯儀館，全家人過去都住在店面樓上的公寓，凱文也從小和死者接觸。他記得他們一家都在星期天大掃除，有次家人叫他去拿樓梯下方櫥櫃裡的吸塵器，他還必須經過安寧教堂裡躺在棺材裡的一個個死人。他從有記憶以來就不怕屍體，但也下意識懂得不在外人面前提起這類話題。「其他小孩不了解我爸媽的工作，可能會拿這件事笑我們。」即使到了現在，他也不對別人談論自己的工作，之所以對我說這些，是因為我請他接受採訪，或者說是高爾博士請他受訪。當別人問起他的工作，他不會說自己是「防腐師」，而會自稱「老師」。

「英國人習慣否定死亡。」凱文說：「他們平常都不想認識我們，等到發生什麼事情才來和我們當兩周的密友，那之後再繼續假裝我們不存在。」

凱文並不是一出社會就跟著父母從事殯葬業，但他從小和這一行關係密切。在他長得夠高、搬得動棺材時，他就開始作為抬棺人到處打工，一次賺十五英鎊，賺來的錢都拿去買唱片了。他在畢業後成了石匠，雕刻墓碑上的天使，未來在我們死後多年，這些墓碑仍會立在墓園裡。你愛的人入土後，你看見的就只剩那塊墓碑，你會一再回到那裡，對著那塊永垂不朽的石頭自言自語。而現在，凱文改而製作曇花一現的作品。

「身為藝術人，你看到自己的得意作品被埋到土裡或燒毀，心裡不會難過嗎？」

「不會。」他驟然開口：「因為我已經……」他頓了頓，又思索片刻。

「這是幾年前發生的一件事了。」他說道。一名男子在工業意外中喪生，男子當時試圖清通機器裡的堵塞物，結果頭部與軀幹都被壓爛了。等到遺體從機器裡拉出來後，他太太還得辨認不成人形的遺體。「那真的是……慘不忍睹。他太太對我說：『你能幫幫他嗎？』我跟她說我會盡量。」

後來，他收到了一封信：

「謝謝你。雖然不完美，但你還是把他還給了我。」

CHAPTER 8

# 愛與恐懼

# 解剖病理學技術員

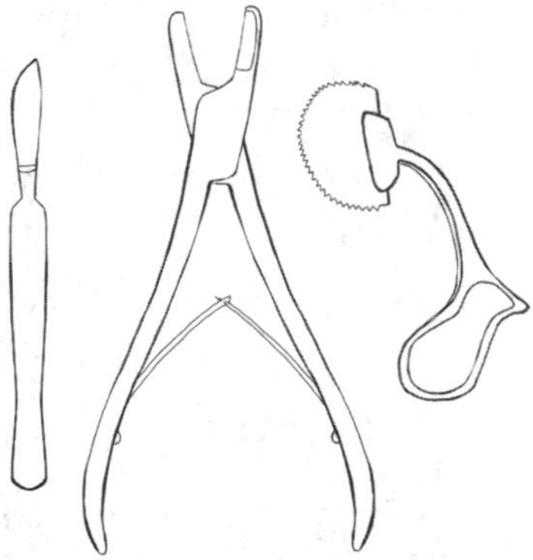

古埃及人在製作木乃伊時，會將所有內臟移除後裝入陶罐，只留心臟在木乃伊體內。他們將心臟視為一個人的核心，心臟代表這個個體，以及其智慧與靈魂，所以必須留在原處讓諸神評判與衡量它的價值。到了死後的世界，死者的心臟和一根羽毛會分別放在天秤兩端，假如心臟比羽毛輕，就表示那人生前德行高尚，可以進入死後世界。假如心臟比羽毛重，擁有鱷魚頭與牙齒、獅子上身、河馬下身的阿米特女神便會吃了那顆心臟。

在泰晤士河南岸的聖湯瑪士醫院地下室的太平間裡，工作人員將一顆心臟過秤，對著房間另一頭的人高喊秤量出的數字，由另一人用快要沒水的白板筆寫上白板，再來決定心臟的重量是否符合健康標準。在這裡，工作人員只會憑科學知識與肉眼或顯微鏡所見的事物衡量你，他們不會批判你生前的所作所為，只會以機率為秤，衡量你的死因。

在此，屍體會將故事說給側耳傾聽的工作人員，講述謀殺、自殺或心臟病的故事。麥奧仍是警探時，就會來到這種空間，看著沉默血肉的故事被翻譯成破案證據。我前面見過的死亡工作者可能永遠都不會知道死者的死因，但這裡的工作人員就是專門推測死因。

如果你在樓上的醫院死去，搬運工會用布蓋著推車低調地將你送到樓下冰櫃，如果你死在醫院附近特定幾個區域，救護車便會將你從地板上、床上或馬路上送來這間太平間。假如驗屍官需要做解剖驗屍，就會在這間房間裡進行驗屍，判斷出你的死法並寫入官方報告。假如你死前才剛看過醫師，醫師很確定你的死因，那你的遺體就不必解剖驗屍，醫師可以直接填寫死亡證書。這裡有一些屍體未經解剖，等著被殯儀館帶走，還有一些是等著被辨識出身分的無名屍。

一連串高喊而出的數字，成了太平間裡的背景音，這是一名女性一生成長、萎縮與存在的最終結果。肝臟、腎臟、大腦。病理學者在白色聚光燈下做器官切片，同時在她的夾板上做筆記。我低頭看著一名高壯男子空洞的腹腔，他的內臟都躺在他雙腳之間的橘色生物危害袋子裡，病理學者接下來就會秤量並檢查他的器官。他們懷疑這個人死於中風。

人的心臟停止跳動時，血液不再以生命的速度流動，但還是會緩慢流動。重力會將血液往下拉，一個人如果躺著死去，血液便會流到背部後聚積在那裡，在背部皮膚留下瘀青般的深色斑塊。在解剖時，當他們取出內臟，血液則會從手臂與腿腳被切斷的血管流過來，填滿這塊新空間。我看著男人脊椎兩旁的空間，原本是肺臟與腎臟分別所在的位置，現在都積滿了濃稠血液。蘿拉—蘿絲・艾爾戴爾宛如足球場旁邊替選手按摩的物理治療師，按摩著男人的大腿，讓血液從大腿動脈流出來，以便收集血液樣本送至毒理學部門檢驗。

我早就知道帶我認識驗屍程序的人會是蘿拉了。我從好幾年前就認識她，起初她不過是一張眼熟且擁有完美眉毛的臉，總是會出現在英國各地死亡相關的演講會場，無論辦的是什麼活動，即使只是會場提供免費的葡萄酒，她都會參加，我多次看見她出現在病理學博物館裡。我之前報導一場殯葬業頒獎典禮的新聞時，看到蘿拉被提名為年度解剖病理學技術員，因此對她的工作起了興趣。

頒獎典禮上，她朋友露西就坐在我身旁，露西對我說起了蘿拉低調的行事態度。她告訴我，蘿拉曾參與二〇一七年倫敦橋襲擊案受害者的驗屍。當時一輛廂型車刻意衝撞行人，然後三名罪犯衝進波羅市場附近的區域，用十二英寸長的菜刀捅了用餐者、路人與警察，但蘿拉從不談論這件事。換作是別人，可能會為了網路上的追蹤人數而談論自己的工作，在社群媒體貼出自己穿著刷手服、手持不鏽鋼器具的照片。至於蘿拉的 Instagram 呢，她貼的都是夜間吃喝玩樂的自拍照、倒吊在空中瑜伽環上的照片，偶爾還能看見她那輕鬆自在的燦笑。她兩邊大腿分別刺了一張塔羅牌的圖案——「死亡」與「審判」，而到了萬聖節，她會用眼線筆在臉頰上畫一隻小蝙蝠。她甚少在 Instagram 提及工作，不過很明顯深愛這份工作。在她化妝化得完美無瑕的大頭貼旁，簡短的自我介紹將她的工作描述為「屍體的僕人」，我就是想深入認識「屍體的僕人」這份工作。

解剖病理學技術員負責在物理上拆解人體，協助病理學者調查死因。他們會支解並重組病人，然後清潔遺體與拆解遺體時用到的所有器具。當你到太平間辨認死者時，就會見到這些技術員，他們是和家屬與殯儀館接洽的窗口，也負責處理太平間每一個死者的死亡證書、搬運遺體相關的文書等堆積如山的文件。所有死亡工作者都告訴我，一個人要是死在英國，就有處理不完的文書手續要跑。蘿拉說她有時會作噩夢，夢到死者在鋼鐵托盤上坐起來，試圖走出太平間，但她滿身大汗地驚醒並不是因為死者復活，而是因為他們遺失屍體就得提交更多繁雜的文件了。

蘿拉從二〇一四年開始在這裡跟著解剖病理學技術員見習，三年後考得證照，那之後就一面工作一面學習，成天對著躺在鋼盤上的死者。實習技術員的空缺很難得，蘿拉等待與盼望數年後才終於找到一份工作，而現在她除了日常行政工作與解剖之外，還會輔導與教育新實習生，帶他們認識人體結構，以及人體出狀況時的模樣與可能的意義。站在她身後觀摩的人除了實習技術員之外，還有實習醫師。就如妙佑醫院的泰瑞所說，醫學大體老師的任務是讓學生了解正常運作的人體，學生認識了正常的人體之後，接著就能來看看不正常的人體，蘿拉也能讓他們親眼看見各種診斷的樣貌：一個人得了癌症會發生什麼事、硬化的肝臟長什麼模樣、肥胖者的內臟會如何擠在一起，以及一個人無論長得多麼肥胖，肋骨大小都不會改變這件事。今天輪到我來見習了。

我已經在太平間待好一段時間了。今早剛來時，我看著蘿拉用液壓升降機從冰櫃取出三具屍體，將他們排在房間中央那一排水槽邊。升降機雖然能將托盤上下移動，她還是得出力將托盤抽出冰櫃。蘿拉告訴我，做這份工作第一個出問題的就是背部，你不僅要用力拉扯，還得「彎腰」拉扯，而且你拉的東西可能形狀出人意料、重量分佈不均。太平間工作人員有自己的一套職場健康與安全訓練，整間醫院就只有這群女人必須以這種方式運動——沒錯，在場所有解剖病理學技術員都是女性，而除了做這一行三十年的代班醫師蒂娜以外，每個技術員頸部以下都滿是刺青，每個人都剪了短髮、穿了各種環，頭髮染得五顏六色。她們都很年輕，每個人都弄到了同一場重金屬樂團「雷姆斯汀」演唱會的票。

遺體就定位後，三名技術員開始用肉眼觀察與評估自己負責的屍體，在驗屍過程中，她們會持續觀察屍體，每進行一步就停下來找尋不對勁的跡象。病理學者繞著男人觀察，在夾板上作筆記，蘿拉則在男人身上尋找疤痕，尋找過去動過手術或受傷的痕跡，尋找任何可能和死亡有關的線索。就連死者手指上的菸漬，也是她們判斷死因用的線索。她將男人翻過來觀察背部，確認背上沒有插著一把刀（「我們目前還沒遇過這種狀況，可是誰知道哪天會不會真的出現一把刀呢？」），接著用針刺進他雙眼，抽取眼球裡的房水，房水樣本之後和血液與尿液樣本一同送驗。

蘿拉接著在他身上割了Y字形切口，切口從鎖骨下約兩英寸處開始，向下延伸到肚臍以下。她不會真的割破肚臍，這樣後續縫合只會更加麻煩。她剝開胸腹皮膚，用手指捏起皮膚，然後小心翼翼地割開腹部肌肉，避免破壞下層的內臟。她用長得像剪刀的肋骨剪（我之前在妙佑醫院也看過這種工具）剪開連接胸骨與肋骨的軟骨，將盾牌般的胸骨掀起來，露出下方濕潤的粉紅色肺臟。

當時的我還不知道，我從此以後再也不會吃肋排了。蘿拉的上司倒是沒這個問題，我還看到她在走廊對面的職員休息室大啖烤肋排。我在意的不僅是那個畫面，還有那種聲音。你如果看過《洛基》電影，想必聽過電影裡有人胸口遭受重擊的斷裂聲，那就是肋骨剪剪斷一排肋骨、剪開軟骨的聲響。我在一周後看了《金牌拳手：父仇》，電影中阿多尼斯．奎德的肋骨被慢動作打擊的聲響，幾乎和我在解剖室聽見的聲音一模一樣。看那部電影時，我花了二十分鐘思考他們是不是到太平間錄音的。

蘿拉接著用繩子綁住男人的十二指腸（小腸開頭那一截），然後在繩結下方切開腸子，將腸子從腹腔掏出來，接著像整理繩索的水手一樣，雙手抽理超過二十英尺長的大小腸。她將整條腸子放進橘色生物危害袋子裡。「心臟就在那裡面。」她一面用戴著手套的手指了一下，一面彎腰分離頸部與胸口相連的部位。

標準的解剖驗屍費時約一小時，如果死者生前長時間住在加護病房，滿身是各種導管，蘿拉還得檢查這些管線的位置，那就更花時間了。解剖瘦子比解剖胖子來得快，這單純是因為瘦子的器官比較好找。話雖如此，有些部位無論在什麼人身上都不容易找到，這種時候就會考驗技術員的技巧與熟練度了。蘿拉在食道底部打了個繩結，然後用鈍器切開食道周圍的結締組織，一路向上移動，將頸部皮膚與肌肉分離開來。她放下工具，一隻手伸到皮膚下，摸索著尋找舌頭根部一個口袋般的構造，過程中每一個指節都清楚印在了男人的皮膚下。「這部分就算用工具也不會比較容易。」她對我說道。她彷彿在操縱布偶，半條手臂都從下方伸進了男人的脖子，目光飄向了房間一角，手指在黏滑的黑暗人體內摸索。「找到了。」她勾住舌根處的小口袋，將舌頭拉出來，只見舌頭、食道與聲帶一起被拉了出來，乍看下像是一長片豬肉。她指著喉嚨裡一塊馬蹄形軟骨；在驗屍時，他們必須檢查這塊軟骨是否受損，若有，就表示死者可能是被人勒死的。我舉起同樣戴了手套的手摸摸自己喉嚨，想看看那塊軟骨是否會彎曲。

下一步，蘿拉割穿了男人的橫膈膜，將心臟與兩邊肺臟整塊從脊椎上拿起來。接著是仍然連著食道與舌頭的胃臟、肝臟、膽囊、脾臟、胰臟，這些器官同樣被一整塊取出來。取出遺體的器官同樣被放入主人腳邊的袋子裡，發出了濕潤的嘎吱聲。最後，腎臟、腎上腺、膀胱與前列腺也一整塊被放入袋中。

剛接觸新鮮腹腔暴露在空氣中的氣味時，那種味道你得花好幾天才忘得了——它聞起來像冰箱裡的肉品、人類糞便與血液的金屬味。再加上未清洗的皮膚、陰部，以及乾燥、張開的嘴巴，還有嘴裡未清理的爛牙，這些氣味加總起來就是人體的根本。當你看見這些東西全被取出來，實在很難相信這些曾經是讓人活著的器官，只要不出致命錯誤，它們就能存在與運作多年。我盯著男人身體內部的空間，聽著隔壁桌女人的內臟被一一秤重報數，聽著工作人員將重量記錄在白板上。下一個就輪到我們這桌的男人了。

「我看到這些東西就會想，它們怎麼不會從我身體裡掉出來？」蘿拉暫停按摩大腿的動作，揮手示意那一袋器官。她從直腸附近的體腔撈出幾塊糞便，放到男人腿邊的桌上，打算晚點再處理。一小塊糞便從桌上掉到地上，接下來三個小時一直躺在我腳邊，直到最後和其他汙物一同被水柱沖走。還有一次蘿拉一面說話一面配合話語做出手部動作，結果一塊內臟脂肪從手套上揮飛，同樣落到了地上。這份工作很明顯稱不上光鮮亮麗，不過她是從電視上得知這份工作的存在的——她想成為《X檔案》影集裡的黛娜．史卡利，尤其是〈惡血〉那一集當中扮演鑑識病理學者的史卡利，在披薩毒殺案中解剖被害者。

「那集很好笑。」蘿拉說。她和我一樣在一九九〇年代長大，從小愛看深夜電視節目，後來她得知鑑識病理學者必須先成為醫師，而且即使當上全職實習生之後，你還得苦等五年半才拿得到證照。蘿拉毅然放棄了成為鑑識病理學者的目標，她只想跳過照顧活人的步驟，直接到太平間工作。

桌上的男人有癲癇病史，所以蘿拉認為他「可能是神經出了問題」，她表示值得注意的部分應該在這人腦子裡。「在英國，人死了就一定是腦袋或心臟出了問題。」她一面說，一面橫著將男人的頭髮梳開，梳出從頭頂連到雙耳的一條整齊分線，等著讓手術刀切割。她切開皮膚，將臉部皮膚往下巴方向摺去，但事情似乎沒有她預期的簡單，男人的皮膚緊緊黏著骨骼，蘿拉接著取出圓形骨鋸，發現男人的頭骨也較一般人厚。病理學者走過來，指向男人向下摺的臉上一處深草莓色胎記。她表示，這種胎記往往在胚胎成形時出現，而在胚胎剛形成時，臉部與大腦之間沒什麼阻隔，外層發生的事情通常也會發生在內部。而這名男子的情況是，一層層組織都稍微融合在了一起，一層層皮膚、肌肉與骨骼上都看得見胎記痕跡，就如穿透頭面的一條石柱。蘿拉移除頭骨頂部，剝開保護大腦的厚膜（這層膜名為「硬腦膜」，英文名稱「dura mater」出自拉丁文，意思是「堅硬的母親」），果然連大腦都看得見深色胎記。她拍了張照片給病理學者留作紀錄，然後從頭骨中取出大腦，問我要不要拿拿看。

我雙手捧著那顆大腦，感受它的重量。這就是那個男人的自我所在，而導致男人死亡的血塊可能就藏在其中。它除了肉色與白色之外，還有一條條蜿蜒的紅色與黑色線條，和卡通裡的粉紅色大腦或高中生物課本裡的灰質相差甚遠，甚至和病理學博物館裝在罐子裡的頭腦標本也長得不像，畢竟那些標本都已經僵硬、固定、褪色了。被我拿到手裡後，一個個腦葉放鬆、變扁，擺脫頭骨拘束的它終於能占據較多空間了。蘿拉等等會用棉絮填充男人的顱腔，因為一旦離開了保護大腦的小空間以後，頭腦就再也無法恢復先前壓縮、整齊的形狀了。我手裡的重量冰冷又沉重，扎實卻又脆弱——還會像果凍那樣微微顫動。我甚至不敢輕壓它，以免傷到它，但我卻看過不少拳擊賽事，看過拳擊手被當頭重擊後昏倒在地。我想到美式足球員的太太們，她們一直堅稱丈夫在和其他球員衝撞多年過後性情大變，變得暴力且惶惑，可是除了這些女性以外都沒有人注意到問題。當你將大腦捧在手中，就會意識到觀眾在看臺上吃熱狗時，運動員其實是冒著頭腦受創的風險在場上得分。我不禁想像子彈可能造成的傷害。我想起犯罪現場清潔工尼爾・史密瑟，想到小時候的他在清洗祖父母家外牆上的腦漿，想到腦漿乾硬後會變得像水泥，幾乎再也清不掉了。

我讓大腦從我的手套上滑入蘿拉的藍色塑膠盆，她將一條細繩穿到稍微突出形成環狀的「基底動脈」（basilar artery）下方，然後將細繩兩端綁在一口水桶的把手上，讓大腦倒懸著泡在福馬林裡。這顆大腦會在接下來兩周逐漸硬化，之後病理學者就能將它切開——和泰瑞一樣將它切成「吐司片」——尋找男人的死因。紅白相間的水桶側面已經寫著「RTB」三個字母，意思是「回歸身體」（return to body），蘿拉接著將水桶放上架子，和其他裝著人腦的桶子擺在一起。你來時身上有的東西，最後都會隨你離去，因為病理學者將器官秤重與檢查過是否有腫瘤或其他問題後，便會把器官放回橘色生物危害袋子裡。等到積在腹腔的液體像湯一樣被一杓一杓撈出來後，袋子會放入曾經被臟器填滿的空間，旁邊空隙則塞入棉絨。肋骨與胸骨會被放回原位，皮膚縫合起來。數周時間過後，等病理學者檢查完大腦，就會由解剖病理學技術員拆開部分縫線，將大腦放入裝著其他器官的橘色袋子，這時殯儀館的人就能來取遺體了。

此前數月的某個冬日，我曾坐在野餐桌邊聽神經學者阿尼爾·賽斯解釋人類的意識。他告訴我，大腦困在沒有窗戶的黑暗房間裡，什麼都看不見，只能接收眼睛、耳朵與手指等其他工具傳來的訊息，而「現實」就是大腦對於外界的猜測。你所有感官都是大腦的情報員，它會將自己接收的零星資訊盡量拼湊起來，混合一些模糊的記憶與經驗，然後將這一切稱之為生命。現在呢，大腦的魔法與所有揣測都不在了，大腦淪為水桶裡純粹的有機物質，等著硬化後被人切開。它數以億計的神經連結曾經創造出現實與智慧，曾經是某人的全世界，現在卻只能被人剖開來尋找這一切停止的原因。

* * *

來觀察蘿拉工作的一天前，她用電子郵件寄了份制式文件給我，無論是誰來參觀解剖都必須閱讀這份文件。除了一些警告以外，那份文件也建議我早餐吃飽，並穿著厚襪子，以防靴子磨腳。蘿拉說她知道我見過死亡，儘管如此還是得告訴我，這裡除了是醫院太平間以外，還是兒科專科病理學部門，各地的嬰幼童遺體都會送過來，和成年人遺體在同一間房裡做解剖。她還無法確認時間表，不過我可能會看見孩童的屍體。我對她說沒關係，我看過屍體，而且這時的我已經看過數百具完整與破碎的屍體了。

事後想來，我當時太傲慢了。

蘿拉以有條不紊的動作縫合男人身上的切口，替他洗頭髮（甜草莓味的Alberto Balsam牌洗髮精，就我所知許多殯葬業者工作時都用這牌洗髮精，草莓味和腹腔氣味、水桶裡的福馬林味混合在一起，感覺很不真實），然後幫他噴上消毒水，用水管將他全身沖乾淨。她抬起男人的手腳，盡量將他刷洗乾淨。蘿拉告訴我，並不是每一間太平間的工作人員都會這麼仔細清洗遺體，但他們認為這是正確的做法，也是最貼心的做法。

「畢竟你的內臟剛被全部拿出來嘛。」她就事論事道，由於腐爛是與細菌息息相關的過程，他們會希望能給殯儀館與死者家屬方便，幫助他們延緩細菌造成的腐爛。（並不是所有人都會像蘿拉這樣，顧慮到死亡產業下游的工作者，例如凱文與蘇菲等防腐師經常得想方設法隱藏解剖過於草率或儲藏不當所留下的痕跡）。我為了讓出空間給蘿拉辦事，默默從解剖桌前退開。我退了好幾步，一轉頭就發現自己站在一個嬰兒身旁。他才兩周大而已。

過去兩個小時，我一直努力集中精神觀察蘿拉的工作，看著她尋找頸部內的小口袋，看著她將內臟兩端用細繩綁緊，看著她拍攝大腦的照片……過程中，我卻頻頻用眼角餘光偷瞥這個嬰兒。房間雖大，其實也沒有那麼大，我和蘿拉離嬰兒只有約十英尺而已，我從頭到尾都看得到他。我看得出嬰兒的頭骨不必用骨鋸切開，因為骨頭還未密合，病理學者只須用剪刀剪開連接一塊塊骨骼的薄纖維，就能將五塊頭骨像花瓣一樣剝開了。我聽見其中一名警員說，嬰兒的母親有思覺失調病史，我這才意識到他們是在尋找嬰兒被母親殺害的證據。我看著病理學者將小小的肋骨掰開成棕櫚葉的形狀，每一根肋骨都和隔壁分開，手指順著彎曲的骨骼撫摸，在一條條細小的骨頭上找尋裂痕。我看著嬰兒全身被拆解開來，他背後墊了一塊東西，撐起他被拆開的胸部，打開的頭部則往後仰。我看著工作人員站在他身旁，居高臨下地討論他們的發現，兩名警察則端正地坐在一旁的凳子上，偶爾做筆記、頻繁進出房間。我讀不懂他們的表情。

現在，我來到了他身邊。一名年輕的綠髮解剖病理學技術員正試圖將嬰兒拼湊回去，雖然已經縫合身軀了，臉部卻一直無法調整回原樣。在驗屍過程中，嬰兒的頸部下方被切開，導致臉部座落在頭骨的方式變了，下唇鬆垮垮地掛在下巴，下垂的皮膚也使一邊眼睛被拉得睜了開來。技術員知道痛失幼子的家長在最後一次來訪時，會試圖在兒子被帶走前記下他每一個細節，所以必須讓嬰兒恢復正常的模樣。她一再閉上那隻睜開的眼睛，一再將小小的粉紅色嘴脣往回推，嘆息著試圖調整出嬰兒安詳睡去的表情……但那張臉就是一直從骨骼上滑下來。蘿拉暫停清潔走過來，冷靜又耐心地指導年輕技術員用Fixodent假牙黏著劑調整臉部。雖然這不該是重點，但她們大功告成後，嬰兒顯得異常可愛，我深深著迷於他被黏回原位的小臉。

嬰兒屍體不像成人屍體那樣用水管清洗，而是放入水槽裡一個藍色塑膠盆裡清洗，就和媽媽從前在廚房幫我皮膚粉嫩的弟弟妹妹們洗澡一樣。他的身體被撐成了坐姿，靠在水盆邊，泡泡幾乎蓋過他的肩膀。技術員暫時離開去拿架上的東西，我站在那裡默默看著他緩慢下沉，小臉沉到了泡泡水下。我是來觀察的，什麼都不該碰，更何況我此時不在蘿拉身邊，而是來到了不該來的位置——我呆立在原處，一時間不知所措。我努力壓抑救出溺水嬰兒的本能，告訴自己他已經死了，意識到他已經死了，我無論做什麼都無法改變他已死的事實。他慢慢沉到了水下，我卻只能僵立在一旁，無聲地崩潰。

技術員回來了，她將嬰兒從泡泡水裡抱出來擦乾，將他放在一條毛巾上，同時拿取下一步所需的物品：尿片、小襪、連身衣。她幫嬰兒穿上衣服，將三條醫院的塑膠手環套過他肥肥的小手，握著他細小的手指將手環往上推。技術員像在照顧活生生的嬰兒似的輕柔，一隻手支撐著他的頭部——他這個年紀的嬰兒本就無法撐起自己頭部的重量，而且方才在驗屍時病理學者切斷了他的頸椎。

在處理嬰兒時，他們通常會將大腦裝回頭骨裡，由於嬰兒頭骨還未硬化與密合，顱腔空間會比成年人多一些彈性。其實將大腦裝回去主要是為了維持頭部重量，人類會本能地注意嬰兒的頭部，假如頭部過輕，家長在瞻仰室抱起嬰兒時很可能發現不對勁。然而在這個孩子的情況下，他的大腦仍須保留做鑑識解剖，於是蘿拉像剛才處理成人大腦一樣將它倒懸在水桶裡，乍看下宛如迷失在太空深處的小星球。他們從房間角落一個透明的大塑膠箱挑一頂針織小帽——檸檬黃、粉紅色、藍色，箱裡裝著數以百計的小帽子，用帽子遮住從一邊耳朵切到另一邊的切痕。我協助技術員扶穩他嬌小的身軀、癱軟的頸項。

我本以為他的頭此時空無一物，想必會很輕——從我數小時前站立的位置看來，他的頭骨薄到在日光燈下幾乎是透明的。然而，他的頭並不輕，他還有臉上柔軟的皮肉、圓嘟嘟的臉頰。少了大腦以後，嬰兒的頭部輕得令人不安，同時卻重得令人費解。

我後來沒得知導致嬰兒死亡的是不是他母親，那位母親是不是因為某種精神問題而大力搖晃孩子？我只知道，他在這世上唯一的所有物，就是厚紙板棺材裡擺在他身旁的半瓶母乳。在我離開前不久，裝在棺材裡的他被放回嬰兒用冰櫃，門上寫了他的名字。我脫下手套、防水圍裙、刷手服與雨靴，把面罩歸還給蘿拉。她稱讚我今天從頭到尾都沒有忍不住出去休息，我夠堅強，我熬過來了。我並沒有告訴她，此時的我只聞得到人類腹腔冰冷的肉味與屎味，滿腦子都念著方才那個小嬰兒。

* * *

我踏入戶外的陽光，感覺自己彷彿困溺在水下。站在醫院門前，隔著濃濃的秋季霧氣望見大笨鐘，它矗立於泰晤士河對岸，全身裹著鷹架，在維修保養的這幾年沒有發出任何鐘聲。儘管這口鐘目前不為任何人敲響，每日仍有越來越多人死亡，其中一些人現在就躺在醫院裡。

回頭想想，這件事其實理所當然，但當時我根本沒想到死者當中有這麼多是嬰兒。我不知道，儘管英國的嬰兒夭折率正在下降，數字卻仍然高於其他狀況相當的國家。我不知道，英國有個肥皂劇演員提倡讓父母為特定階段前死產的胎兒申請出生證明，讓父母除了死亡證明以外，還能用出生證明證實那個孩子曾經存在過。我不知道，一個嬰兒若死於「嬰兒猝死症候群」，意思就是在解剖驗屍後排除了其他死因，只能填上這個原因。我從沒真正花心思好好想過死去的嬰孩，或是一再失去孩子的母親；即使讀到關於流產的資料，我也只會想到流血與血塊，而不是有四肢、眼睛與指甲、看得出形狀的小小生物，也不是太平間裡給嬰兒專用的冰櫃。

蘿拉告訴我，她有時會看見某幾個母親的名字一再出現在資料上——那是又一次嘗試、又一次死亡，母親卻只能將風暴埋藏在心中，因為大家不會談這種事情，因為大家不知道怎麼談這種事情，因為大多數人都和我一樣盲目地忽視了現實。我都沒想過，原來小胎兒也會被拆解開來，尋找任何蛛絲馬跡，讓醫師幫助母親度過未來的孕期、順利生產。大家希望流產是基因問題所致，希望是可預防的問題，希望是可被診斷出的問題。這一切我都沒想過，但事情當然還是會發生。當然會發生了。

我搭地鐵回家，一路上死死盯著對面的空位，不肯看向門邊嬰兒車裡的幼童與推著嬰兒車的孕婦。計畫懷孕感覺像是充滿希望的行為，卻也是最為魯莽的行為，你可能會在過程中傷透了心。在我看來，為人父母想必是充滿愛與恐懼的混亂狀態，我光是想像那種心情便感到頭暈目眩。

我請克林特來我家一趟，因為我需要回想起人體的溫暖。我對他說起嬰兒的事，還有我看到的其他畫面：一排小小的白色紙箱，每一箱上頭都堆了一疊文件，等著在下午做驗屍解剖。我對他說起解剖室裡一個小小的胎兒，那個胎兒小到只能放在洗碗用的海綿上，細小的腿從邊緣垂了下來。我記得他身體發紫，看上去仍帶著濕意，皮膚是半透明的，未成形的臉則像是外星人。在超市購買我等等不會吃的晚餐時，我看見一條Fixodent假牙黏著劑，陡然泣不成聲。那晚，我夢到裹著毛毯的死嬰，成排躺在我臥房窗外的碎石路面。隔天早上克林特告訴我，我說了一句夢話：「我要記得他們不是真的。」我的潛意識在設法保護自己，以理性驅散夢魘，然而我醒轉時卻不得不回憶起現實：有些噩夢「就是」真的，我親眼看見了。

我在床上躺了三周，只有在不得已時勉強爬下床工作。我試著理解自己這種反應——這分明是生命的一部分，是我以外太多太多人生命的一部分啊。我並沒有小孩，在看見藍色水盆裡那個嬰兒前，我也沒有過生小孩的想法。我從沒感受過母性，直到看見死嬰沉到水下之時，才感受到那種本能的衝動。那天我站在那裡，看著他悄悄下沉，一波波念頭與可能性沖刷我的頭腦、我的心。我產生了暈船的不適感。

我必須弄清楚，為什麼看著嬰兒被解剖時感覺還好，看見水盆裡的嬰兒時，情緒卻產生了如此劇烈的波動？我對朋友說起此事，不過我說得含糊了些，以免那個畫面像病毒一樣傳染給他們。他們對我說：「你會覺得難受是正常的，你可是看到了死嬰呢。」但目睹病理學者將他拆解開來那個客觀而言較駭人的畫面時，我並沒有崩潰。我看過無頭的男人，看過沒有身體的人頭，看過沒有手臂的手，而且還剛將一個人的大腦捧在手心。我在為死去的男人穿上入殮用的服裝時產生了情緒反應，不過那對我而言再合理不過，而我當時還感受到了一種榮幸，那份榮幸成了我心中許多想法的結論。它證實了這是照顧親愛之人的正確做法，我還能透過為死者更衣的方式，教導自己不去懼怕屍體。那麼，為什麼令我崩潰的不是這些，而是坐在泡泡浴裡的嬰兒？我也太荒謬了吧。我不再試圖對他人說明自己的心情，即使說了他們也不懂，只會令他們感到噁心與不適而已。

在一九八〇年，法籍保加利亞裔哲學家克莉斯蒂娃出版了《恐怖的力量：論悲慘》一書，她在書中提到，當秩序面臨崩毀的危機時，主體與客體、自我與他人之間的界線便會消失。在這種時候，該在的東西不在了，我們的物質現實會隨之變動，造成心中的恐怖。克莉斯蒂娃寫道：「在上帝與科學之外的境界中，屍體即是終極的悲慘，是入侵了生命的死亡。」當我面對支離破碎的嬰兒時，他不過是純粹的生物與科學，病理學者不過是在完成分內工作，在那個房間的情境下一切都符合秩序。

然而，被放入水盆時嬰兒就只是個嬰兒，日常畫面受到了死亡侵犯，我站在那裡看著眼前這一幕，感受到了現實的板塊在腳下變動。克莉斯蒂娃也曾在走訪奧斯威辛納粹集中營博物館時，經歷過類似的體驗。我們都學過集中營發生的種種，知道當年驚人的死亡人數、深諳歷史的不公，但直到你看見熟悉的小事物，看見一堆失去了主人的童鞋時，才會真正明白那份偌大的恐怖。

生命不該在太平間浮上水面。每個人都有自己的界線，有些解剖病理學技術員不肯讀鑑識報告中的遺書，而所有技術員都痛恨仍留有溫度的屍體。當樓上病人從病床直接搬運到樓下太平間，在冰櫃待的時間沒有長到讓內臟冷卻下來時，總令技術員感到非常不自在。在物理上，解剖冰冷的屍體當然很不舒服，技術員都會在水槽裡接一碗溫水，不時浸泡自己凍僵的雙手；然而在情緒上，她們卻偏好冰冷的屍體。「如果他們體內沒那麼冰，你們解剖時不會覺得比較輕鬆，比較不那麼不舒服嗎？」我看見蘿拉站在水槽前泡溫水，開口問道。她光是聽到這個問題，臉上就露出了嫌惡的表情：「不會。死人是冷的，活人是熱的。」阿隆在太平間幫亞當穿衣時，也對我說過相同的話。冰冷所造成的肢體不適，反而令他們安心——這是生者與死者之間一條鮮明的分界。

對我而言，最震撼人心的恐怖並不是滿身鮮血的鏈鋸殺人狂，而是些許不對勁的日常畫面、鋼琴彈出的小調旋律——最令我不安的，是家中的自殺事件、門廊下的屍體，以及在浴盆中溺水的嬰兒。他不再是我能從醫學角度客觀觀察的生物樣本，我不再能用防水圍裙與面罩在心理上將自己與他區隔開來。浴盆裡的他成了熟悉的畫面，畫面不僅不對勁，還多了一種深切、無盡的哀傷。

* * *

這是某個十二月天的傍晚，我們坐在戶外一張餐桌邊，我和蘿拉已經在這裡坐好一陣子，聊過了我們同樣受天主教影響的童年，聊到在天主教徒眼中最重要的事件——死亡。我們也聊到了那個嬰兒。我還有幾個關於蘿拉這份工作的問題想請教她，但其實我主要是想和一個當時也在場、也看見那個畫面的人聊一聊。我想知道她是如何承受這一切，她為什麼能日復一日回太平間工作，日復一日保持鎮定。我想知道她為什麼會想回去上班。她安慰我道，這種反應並不奇怪，無論你是否有過和死者接觸的經驗，在走進太平間之前，你都不可能知道自己當下會是什麼反應。

「很神奇的循環論證吧。」她說道：「你如果受不了就不可能做這一行，但同時，在入行前你也不會知道自己受不受得了。」對大部分人而言，他們在一開始會面對一層心理障礙，無法實際完成工作，就連蘿拉也不例外。

「你得在物理上移動和調整那些人，如果你是對活人做這些，就會讓人受傷。」她說道。她指的不只是肋骨剪與骨鋸，還包括硬將因為屍僵挺直的腿扳彎，她會像防腐師蘇菲一樣將死者的腿高舉過自己頭頂，然後用力一折，迫使膝蓋彎曲。「我『知道』他們已經死了，當然『感覺』不到這些，可是在做這種動作的時候還是覺得哪裡不對勁。」她說：「就和處理嬰兒一樣。」

她回憶起自己剛入行時，將一個解剖完畢的嬰兒拼湊回原樣的故事。她說在縫合頭頂切口時，讓嬰兒面朝下趴著她會比較好作業，但感覺不太對勁。還有一種感覺較溫柔的做法，是讓嬰兒趴在一塊海綿上，彷彿趴在迷你按摩床上……即使以這種方式縫合嬰兒頭部，蘿拉還是感到不對勁。「你不會希望孩子的家長看到你做這種事情，而且在清洗嬰兒時，你也不會故意把他們的頭放到水下，可是……」

蘿拉越說越快，試圖說明這份工作的矛盾：從事這一行的人不僅需要同情心，還必須足夠無情。還記得在解剖室裡，在看見那個嬰兒前，我親眼見到蘿拉站在一個六十多歲的癮君子身邊工作。即使扳彎關節後，他仍維持著胎位臥姿，鮮綠色腹部與脊椎一同彎曲，手臂也蓋在腹部上，彷彿在保護脆弱的五臟六腑。男人瘦到皮包骨，皮膚甚至之前被骨骼壓在彈簧床上，壓出了潰傷。他最後就是死在那張彈簧床上，周遭擺滿了吸古柯鹼與海洛因用的玻璃管等物事。他手指上戴了幾枚戒指，手腕戴了幾條線繩磨損的編織手環，一邊耳朵戴著耳環，灰色長髮披散在臉邊。技術員盡量從側面剖開他的身體，只見他的肺臟如瀝青漆黑，沾黏在肋骨內側。他的頸項靠在墊物上，空無一物的頭部向後傾斜，大張的嘴露出滿口褐色牙齒。

當時蘿拉暫停了動作，對我說道：看到這樣的個案時，她不禁好奇自己假若過著這個人的人生、住在這個人的身體裡，會是什麼感覺？他是怎麼呼吸的？那又是什麼感覺？他雙手雙腳都沾了層塵土，全身都顯現出多年的忽視與營養不良。他上次用洗髮精洗頭是什麼時候了？那天，蘿拉等人替他洗頭、梳頭。他儘管經歷了相對殘忍的解剖，這幾位女性對待他的方式，仍比他對自己的對待溫柔得多。

「……在洗嬰兒的時候，」蘿拉接著說：「你把他放到水盆裡，洗完以後去拿一條毛巾，這時候他繼續泡在水裡，頭可能還會沉到水下。你就會心想：『感覺好怪。』也不是說這些細節不重要，但你這是在完成必要的工作，你非得把小孩洗乾淨不可。在做這些工作的時候，你也可以做一些平常不會對活嬰兒做的事情，但你就是會做，因為這樣比較簡單。你完成工作的方法，和生活中其他部分完全區隔開來了，這完全違反了你從小學到的待人處事方法。」

蘿拉曾考慮從事與生者較相關的行業，直到親近的人死去後，她才毅然選擇了解剖病理學技術員這份工作。她大學讀鑑識心理學，當時滿心想理解與輔導青少年犯……孰料她的朋友不巧在那段時期遇害，一晚外出時被一群少年踢得重傷，最後死於腦溢血。那之後，蘿拉不再相信自己情緒上具備幫助青少年罪犯的能力了，她不認為自己能耐心輔導和殺死朋友的罪犯同齡的少年，一步步修復令他們產生暴力衝動的心理障礙。問題是，蘿拉從以前就一直想找能夠幫助他人的工作，為什麼現在卻從事一份感覺像在傷害他人的職業呢？

蘿拉對我提起了另一起個案，說明自己為何深愛這份工作。那是一名四十多歲的女性，以前曾經濫用藥物，死亡前不久又開始用藥了。死者的家人表示，她在那之前已經戒藥好一段時間了。「但人都會說謊，家屬也可能會說謊，所以我們只能聽聽就好。」所有人都認定女人是因用藥過度而死，驗屍不過是跑跑流程而已，沒想到蘿拉切開她的身體時，發現她體內沒有一處器官未受癌細胞侵略。「沒有人知情。」蘿拉告訴我：「沒有任何人知情。她可能受了不少苦，所以才又開始用藥。」蘿拉追尋腫瘤擴散的途徑，最後在子宮附近找到病發根源。「婦科癌症可能和基因遺傳有密切關聯，而且這個女人有小孩，所以我們必須做很多檢驗，也建議她的家人做遺傳諮詢。」

我想起妙佑醫院的泰瑞，想到他在冷凍室準備大體、協助醫療人員練習移除脊椎腫瘤。無論是他或蘿拉都說不出自己工作時為何不覺得噁心，也說不出他們為什麼能日復一日做下去——蘿拉甚至不介意解剖腐爛的屍體，她對人體的變化及死後仍能存在的生命深感興趣。不過他們兩人都指出了解剖工作對於生者的助益。「有人因為我在工作上的發現，去做了癌症篩檢。」蘿拉說道，臉上首次浮現了驕傲。

在和她談話數小時並觀察她工作後，我清楚看出了蘿拉為什麼勝任解剖病理學技術員這份工作，以及她放棄當社工的夢想之後為何選擇這一行：即使對象是死者，她仍在幫助無法出聲的人發聲，目光也仍然聚焦在無助的人身上。我在看見死嬰時感受到了情緒波動，回家後在深夜查詢關於嬰兒夭折率的資料，而蘿拉剛開始到太平間受訓時也經歷過類似的情緒轉折——直到入行時，她才發現原來母親的死亡率也高得不可思議。社會上少有人討論女性在生產過後的身體變化，在嬰兒出生後，女人彷彿從備受保護的容器變成了母乳供應者。然而在生產過後，女性的生理會發生巨變，因此產婦的驗屍解剖自成一門學問。

蘿拉驚訝地發現，種族與經濟狀況等社會因素會大大影響產婦的生死。《英國醫學期刊》曾引述公共衛生學院（Faculty of Public Health）院長瑪姬・雷伊的發言，雷伊表示，導致產婦死亡率上升的社會因素相當複雜，我們若想改變現狀，就必須在這些女性懷孕前許久就展開行動，而且參與行動的不能只有醫療保健行業。

同樣令蘿拉憤怒的，還有一般人對於解剖病理學技術員的忽視。我們甚少在電視上看見這類角色，電視劇裡往往安排由解剖病理學者完成一切驗屍工作。這部分其實並不意外，畢竟許多死亡相關工作者都不會對大眾分享工作內容，問題是，就連醫院工作人員也經常忘記技術員所扮演的角色，這點令蘿拉最為不滿。在倫敦橋攻擊事件過後，醫院舉辦了一場內部活動，感謝所有協助處理緊急事件的員工，蘿拉記得當時有人致詞感謝所有隱藏在幕後的工作者，但只有照顧生者的工作人員被列出來道謝。「沒有人提到我們。」蘿拉說道。她頓了頓，完美的眉毛高高抬到了髮線附近，顯然至今仍十分受傷。「沒有人是為了被稱讚或是什麼榮耀來做這一行，但你還是希望別人認可你的工作，希望他們知道你做的事情也很重要。這對死者的家屬來說很重要啊。」

聽完那場演講過後數日，蘿拉收到了內部電郵，醫院宣佈所有倫敦橋事件的病人都出院了（她和妙佑醫院的泰瑞一樣，習慣稱死者為「病人」，即使是從沒活著在這間醫院接受診治的人也一樣，因為他們在這裡受到了她的照顧），同時也感謝所有人這陣子的努力。那時，蘿拉愣愣地盯著電腦螢幕，她知道還有八名病人在她這裡，等著被帶走。她感受到滿腔怨恨，不只是怨自己被遺忘，也怨自己照顧的死者被人遺忘。

「在古埃及，照顧死者是一份非常、非常特別的工作，可是現在我們做同樣的事情卻被人嫌棄。你不能說『我愛我的工作』，這樣聽起來像在說『你愛的人死了，我很開心。』」她平時溫暖親切的笑容，此時變得猙獰而諷刺。「可是你還是很想要保護死者，感覺有點像是：『沒有別人想照顧你們，所以我會照顧你們。』這份工作是建築在別人的痛苦之上，這時候你是要怎麼愛自己的工作？」

這份工作的情緒負擔並非來自拆解人體，而是源自你對於死亡的理解，你見證了死亡的範圍與現實，見證了偌大的傷痛。解剖病理學技術員看見了躺在冰櫃裡的嬰兒人數，而正因為她們看見了眾多死嬰，這裡的技術員們支持正式向政府提案，要求政府將驗屍範圍擴大、讓她們解剖死產的嬰兒，如此一來她們才能致力找尋如此多嬰兒死產或夭折的原因。（根據目前的法規，驗屍官只能解剖離開母體後曾經呼吸空氣的死者。）在發生大規模意外時，技術員是最先得知死者身分的人之一；你在路上那些「尋人」海報上看見的臉，最後也許會來到解剖室，技術員也會是最後注視他們眼睛的人之一。

蘿拉告訴我，在倫敦橋事件過後數日，當她從倫敦橋地鐵站走路上班時，每每看見報紙頭版上印的那幾張臉，都會想到他們正躺在她的太平間裡。「我不覺得自己該是最先知道這件事的人。我不是說他們的死法，而是『他們死了』這件事。大家都知道這些人失蹤，或者知道他們很可能死了，不過家屬可能還懷有最後一絲希望。」她提起聖誕節期間躺在冰櫃裡的無名自殺者，這些人的家屬都沒有收到通知，因為沒有人知道死者的姓名。「我們比家屬更早知道了這些事情，這樣感覺好像在侵犯他們的隱私。」

在醫院太平間冰冷無情的燈光下，我們無法否定死亡現實，但還是有人試圖呈現出較溫和的畫面。他們有一間瞻仰室，必要的話家屬能隔著一面玻璃窗瞻仰死者——這通常是因為遺體已經嚴重腐爛，有時則是因為警方仍在進行案件調查。但有時候，一些人會堅持要去到玻璃的另一側，親吻死去已久的愛人，還有一些家屬會寫下死者永遠無法閱讀的信，為了接近親愛之人而站在醫院門外守靈。

至於蘿拉呢，她和屍體之間就沒有玻璃阻隔了，她無法逃避真相，她也明白——就如刺在她肌膚上的「死亡」與「審判」兩張塔羅牌——我們的結局往往都巧妙地編織在開端之中。在從事這份工作時，她更加確定了自己想要什麼樣的死亡，同時也下定決心要用自己的方式生活。她的工作是注意一些小細節：疤痕、腫瘤、又一個流產胎兒與一再出現的母親姓名。她注意到許多人都孤獨地死去，而她自己則不希望死時被眾人遺忘。「我不想變成那種死後在公寓裡陳屍好幾個月的人。我希望能有人懷念我。」她說：「我希望能有人注意到我。」

CHAPTER 9

# 嚴母

# 喪慟穩婆

六個月過去了，我仍對水盆裡的嬰兒念念不忘。和蘿拉聊過我在解剖室裡的所見所聞後，我心裡好受了些，卻仍然存有一塊疙瘩。我一再寫信給她，讀了她寄給我的資料，了解了產婦死亡、死產與流產。網路演算法認定我遭遇了這類事件，我畢竟是三十多歲的女性。於是開始推薦相關廣告，喪子喪女的書籍、相關慈善團體與互助團體。然而，這些都不是我要找的答案。我並不是在哀悼——老實說，我也不知道自己這是什麼狀況。我是受到了創傷嗎？也許吧，但也不完全是創傷。這件事似乎比我自己內心的反應大得多，我必須和理解這一切的人聊一聊，而且必須是和我一樣沒有失去親人、沒有向互助團體求助，而是經歷了這種莫名其妙餘波的人。

我想起一年多前自己曾在咖啡廳和來自威斯康辛州的退休禮儀師隆恩・特瓦耶談話，他提到自己曾協助痛失子女的家長為死去的孩子更衣。當時聽他說起這段故事，我只當成是數十年殯葬業經歷當中又一則故事，但現在那段話卻不停迴響在我腦中——家長總是將解剖切痕稱為「疤痕」，隆恩總是陪他們坐在那裡，看著家長懷抱冰冷的嬰兒。他對我強調親眼看見與陪伴死嬰的重要性，無論那是出生後活過幾個月或死產的嬰兒都一樣。當時我點了點頭，我也幫死者換過衣服，我也認為那是一份相當重要的工作。然而現在想來，嬰兒似乎成了迥然不同的類別，我也注意到了自己此前從未想過的另一種死亡工作者：穩婆。

在政府制定「助產士」這門工作相關的規範、要求助產士接受醫學訓練之前，許多文化裡的「穩婆」往往是街坊鄰居，她們自己接下了照顧孕婦與產婦的責任。在殯葬禮儀商業化之前，穩婆也會替死者整理儀容，大眾將生命的初始與終末視為女性的領域。但是，儘管穩婆的角色發生了變化，有時生命的起點與終點卻會發生在同一刻，嬰兒還未能呼吸便已死亡。這時候，存在於人類力量與脆弱中心點的就是穩婆，她們是生命工作者，同時也是死亡工作者。

我在某次深夜上網搜尋時找到了「金沙組織」（Sands），這是英國一個死產與新生兒死亡相關的慈善團體。我寄了電子信件給他們，問他們能否提供穩婆的聯絡資訊給我，並表示自己在寫一部介紹死亡業者的書，希望能將經常被忽視的穩婆這一行介紹給讀者。金沙在短短數小時內就回信，介紹了一名女性給我，而她從事的是我先前根本沒聽過的工作：喪慟穩婆。她做的也是助產工作，只不過她協助產婦生下的是死嬰，或是即將死去的孩子。

一個人受過助產士訓練，一般是為了參與表面上看來幸福快樂的生產過程，那受過助產士訓練的人，怎麼會專門參與最黑暗、最令人難受的部分呢？她是不是也曾感受過我此時的心情？

＊
＊
＊

在伯明罕的哈特蘭茲醫院裡，我在尋找喪慟病房時迷了路。我從婦產科那道門走進醫院，向櫃檯小姐問路。「啊，親愛的。」她說：「願主保佑你。」她溫柔地指引我遠離一群將舊雜誌放在大肚子上閱讀的女性，一隻手搭在我背部，柔聲幫我帶路。我從沒生過小孩，其實就只是個走錯門的人而已，不過當你看見一個女人匆匆走進門、問起首席喪慟穩婆在哪裡，心中通常會產生某些設想。

我找到她時，只見克萊兒．畢斯利身穿藍色護理師服裝，衣服上繡了「助產士」三個字，她另外還穿了黑褲襪，嬌小雙腳穿著擦得光亮的黑皮鞋。她一頭金髮梳成了整齊的蜂窩頭，和善的大眼睛注視著我，同時張口用柔和的伯明罕腔調問我要不要喝茶，讓我聯想到卡通裡溫柔體貼的護士。我其實遲到了，此時正感到焦慮不安，但她令我一瞬間冷靜了下來。我才剛和她見面二十秒而已，卻感覺什麼煩惱都能對她傾訴，甚至可能不小心稱她為「媽媽」。

我們所在的病房裝潢擺設盡是米色與紫色，他們已經盡量將英國國民健保署的建築物改造得溫馨一些了，牆壁與家具都使用最令人心安的色彩。

病房裡十分安靜，沒有任何驚慌或急促的聲響，和我對醫院的印象以及在電視上看見的產科病房大相逕庭。克萊兒表示他們運氣很好，若在其他醫院，懷有死胎的女性還得穿過一般婦產科區域進入病房，親眼目睹新生兒尖叫哭喊的生命與希望。在這間醫院，她們能走側門進來，避開懷孕過程順利的孕婦與產婦。這裡的嬰兒誕生時，周遭只會瀰漫震耳欲聾的死寂。

我們在一張大床邊兩張紫色椅子上坐下，那是張雙人病床，和一般病床一樣附有許多插座，也連接到氧氣筒。隔間角落有個水槽，牆上有時鐘，有窗戶。我們面前是一張咖啡桌，上頭擺著旅行用盥洗用品、幾雙摺疊整齊的襪子，以及一條Polo薄荷糖。一張列印的小字條寫道，這些是金沙組織提供給喪子或喪女家長使用的。在莫名其妙又令人難受的時刻，這些簡單的小東西也許能帶來一些溫暖。除此之外，桌上還放了一碗個別包裝的餅乾與小糕點，房間整體氛圍感覺介於身心保健診所與病房之間，病房彷彿套上了身心保健診所的服裝。這裡該有的儀器都有，這畢竟是醫療環境，且無論嬰兒生死，母親身體上的生產過程還是一樣的，不過佈置房間的工作人員試圖減緩了衝擊。你也確實需要減緩衝擊，因為你來到這個房間就是為了產下或大或小、已死或將死的嬰孩。

怎麼會有人自願來到此處呢？

年輕時身為助產士的克萊兒和許多年輕助產士一樣，對死亡極不熟悉，也不知該如何面對死亡。當時她的祖父母、外祖父母都還在世，生命中沒有任何親近的人死亡，從小只見證過一隻寵物的死亡而已。當她在產房資料板上看見某個家庭失去孩子的注記時，總是擔心自己被派到他們身邊。「我那時候真的很怕，因為我知道自己幫不了他們。一個才剛拿到證照的人面對那種狀況，真的會受不了。」（即使是二十年後的現在，全英國各地醫院當中，只有百分之十二的醫院會要求新生兒科職員接受喪慟訓練。）

* * *

克萊兒成為助產士約一年後，一名懷有幼小胎兒的女性開始分娩，但胎兒還不夠成熟，他們知道孩子不可能活下來。那名孕婦才懷孕二十周而已，根據嬰兒成長曲線，胎兒應該還只有香蕉大小——比金桔大一些，比茄子小一些。那家人做好了準備來到醫院，他們已經明白接下來會發生的事情了：醫護人員不會試圖將嬰兒搶救回來，年僅二十周的嬰兒不可能存活；即使在最極端的存活案例中，胎兒也是在將近二十二周時出生的。那名母親在生產過程中，一直深知最後不會產下活嬰，而雖然胎兒還太過幼小、無論是何種醫療干預都救不了他，他誕生時卻還是有呼吸。

「看到嬰兒在動、在喘氣時，她真的非常痛苦。」克萊兒說道。「我永遠都忘不了那一幕——她當時不停尖叫我的名字。克萊兒，拜託你想想辦法，拜託你幫我，我們就不能救他嗎？」小男嬰的生命在短短數分鐘後消逝了。

那天下班後，克萊兒上車、關門，接著痛哭了起來。「我到現在還感覺得到當時那種情緒。我眼睜睜看到別人最赤裸的悲痛，卻沒辦法用任何方式幫助他們。我當初進這一行，所有人都認為這會是幸福的工作，一般人根本不知道我會遇到這麼極端的悲傷和心碎……」她說著說著，逐漸靜了下來。此時在寂靜無聲的病房裡，她彷彿重返過去那一刻，大眼中閃爍著淚光。「但這就是我們助產士工作的一部分。」她在說話的同時，神色多了幾分堅決：「這是我們的責任。」

根據「湯米組織」的數據（這是英國從事流產與早產研究的最大慈善機構），若以懷孕次數而論，每四次懷孕案例就有一次會以懷孕期間或生產時的死亡告終。每兩百五十次懷孕案例當中，就會有一次以死產告終；英國每天有八個嬰兒死產。

數年後，另一位助產士著手組織喪慟輔導團隊，問克萊兒有沒有興趣加入團隊。克萊兒跟著參加了訓練課程，結果她越是了解情況，就越是發現自己能夠幫上忙。雖然無法讓死嬰復活，她還是能照顧失去孩子的家庭；雖然無法扭轉悲劇，她還是能稍微改變事態的形狀，讓家屬好受一些。「我從來沒想過自己現在會帶頭提供這種服務。」她說：「我從前選擇當助產士，是為了從事幸福快樂的工作，結果從開始工作以來我大部分時間都是在當喪慟穩婆。可是當你看到自己對家長的幫助，改善了他們和孩子之間短暫的相處，看到你對他們人生長久的影響，就會發現這是助產士工作當中一個非常重要的部分。你沒辦法控制生命中的事件——生命本就不受我們控制——但你能在一個家庭面對生命中最悲痛的時刻之一時，控制自己照顧他們的方式。」

近十五年來，克萊兒一直在面對陌生人生命中最悲痛的時刻。有些女性會來此生下無法存活的胎兒，有的胎兒小到能捧在手掌心；有些女性會來此生下心臟已停止跳動，或在子宮外無法長久存活的足月嬰兒。克萊兒見過對身邊眾人隱瞞事實的孕婦，見過滿心盼望能生小孩卻不幸失去孩子的孕婦，見過和病重的伴侶再嘗試最後一次的孕婦。她見過本就不想生小孩的女性在事後大鬆一口氣，見過胎兒有嚴重基因缺陷，即使產下也只會早夭，家長則為是否要繼續將孩子生下來而深深糾結與竭力爭執。她見過和嬰兒同時死亡的母親。每一次下班後，克萊兒都會回到自己車上，她不會開收音機、不會聽音樂，而是在開回家、回到四個孩子身邊那四十五分鐘路上默默釋放心中的壓力。

＊＊＊

克萊兒帶我看了櫥櫃裡滿滿的針織帽與嬰兒服裝——這些大部分是白色的，從手工的迷你衣服到足月嬰兒穿的尺寸都有。針織帽不是保暖用的，它們的功能就和蘿拉太平間裡那些小帽子一樣，是為了美觀。嬰兒在經過產道時，頭部幾塊骨骼會被擠壓得交疊在一起，讓嬰兒成功通過產道，然而當嬰兒死後體內會累積過量液體，可能導致各塊頭骨戳入頭腦，使頭部變形。克萊兒說她一般會幫嬰兒戴上小帽子，就不會有人注意到異狀了。帽子堆旁邊擺著一些裝有黃銅鉸鏈的木製首飾盒……至少，我乍看下以為是首飾盒。克萊兒踮起腳尖取下其中一盒，打開盒蓋，只見裡頭空無一物，只有一塊白色的蕾絲飾巾。「這些是給很小很小的嬰兒用的棺材。」她一面說一面舉起盒子，讓我往內望。

我原先根本連喪慟病房都沒聽過，更不用說是給車鑰匙大小的嬰兒使用的迷你棺材了。我腦中浮現了自己參觀聖湯瑪士醫院太平間、拜訪蘿拉時，推車上大大小小的厚紙箱，其中許多紙箱比疊在蓋子上供解剖病理學者參閱的A4文件小得多。克萊兒告訴我，有些女人來這裡失去了年僅五周的胎兒，卻比一些失去足月嬰兒的女人還要傷心。她說懷孕周數和情緒分量之間沒有直接關係，如果那是你盼望生下的孩子，那你就是失去了那個孩子所有的可能性——你失去了自己和孩子共有的整個人生。在某個平行宇宙也許這件事情沒發生，而是發生了其他事情，你也許替這個新生命買了嬰兒用品，做了許多安排，衣物、鞋子、嬰兒車都準備好了。這和孩子的大小沒有絲毫關係。

「我們每個人遇到這種事情，背後都有自己的一段故事。你不能說一個懷孕十周流產的人不比足月死產的人重要，生下來以後活了兩天的嬰兒也不會比他們更重要。」她邊說邊將木盒放回櫥櫃裡，和其他小棺材擺在一起。「大眾對於流產有很多誤解，覺得反正可以再試一次，結果就讓那個逝去的小生命顯得沒那麼重要了。」我想到許多孕婦在十二周前不會提起自己懷孕的事，以免招來厄運，以免之後不幸得對別人說自己沒有懷孕了——這份喪慟她們只能獨自熬過，我們也指望她們獨自熬過這一切。許多流產婦女找不到其中意義，看不到棺材，而流產婦女當中超過半數人都永遠得不到答案，永遠不會知道自己為什麼失去孩子。你本是一整個生態系統，是至少一個生命所居住的世界……然後有一天，你不再是了。

我們現在來到了寧靜室，這裡提供泡茶與泡咖啡的器具，供家屬等待消息。在這裡，沒有人碰盤子上的餅乾，而在隔壁房，嬰兒悄然無息地到來。房間一角擺著一棵塑膠假樹，樹上掛了紙蝴蝶，上頭寫著在此生產的嬰兒名字、他們父母留下的字句，以及年幼兄姐鬼畫符般的留言。

她又拉開一個壁櫥，裡面堆滿了回憶盒，白色、粉紅色、藍色都有。每個盒子裡裝著一本空白書本，可以貼照片，還有蓋手印與腳印的空白處，他們還會另外將嬰兒手腳印製成的銀首飾送給家屬。除此之外，他們還會有給祖父母的回憶盒，也許是為了記錄他們成為祖父母的時刻。克萊兒表示，他們目前計畫為嬰兒的兄姐準備一些小東西，幫助他們理解家中發生的事件，讓嬰兒以合理的方式成為兄姐生命中一部分。

之所以提供回憶盒，是為了給一些人留下什麼東西作紀念，記錄這個嬰兒的存在。除此之外，回憶盒對猶豫不決的家屬而言也是一種保險：有些家屬太過悲痛，或者因為自己的想像而不敢直視他們的嬰兒，擔心那個畫面永遠烙印在自己眼皮下。這種時候，喪慟穩婆便會幫他們拍下嬰兒的照片，印下手腳印，將這些紀錄放入盒子。家屬也許不會打開盒子，而會將它藏到衣櫃最裡頭，直到多年後的某一天，他們終於做好直視自己孩子的心理準備為止。照片證明了事件的真實，腳印證明了嬰兒曾經的實體，證明你曾是孩子的母親。

在二〇一三年發表於《紐約客》雜誌的一篇文章中，作者愛莉爾・利維（Ariel Levy）談到了自己五個月前在蒙古一間飯店的浴室廁所流產，當時她抱著嬰兒、看著他呼吸——那是個僅存在須臾的活人。她撥了電話叫救護車，急救人員表示她的嬰兒無法存活。「我放下手機前，先拍下了兒子的照片。」她寫道：「我擔心不這麼做，我就永遠不會相信他真的存在過……到了診所，只見到處是刺眼的燈光、很多針、很多點滴，我放開了嬰兒，那就是我最後一次看到他了。」她在事後時時刻刻盯著那張照片，後來每天看一兩次，數月後才終於減少到每周看一次。她試著將照片拿給其他人看，舉起手機證明孩子曾存在過；對她而言，對自己與他人證明嬰兒的存在成了生命的必須。

人類的衝動與想法很少變遷，早在數百年前的維多利亞時代，當時的人便同樣需要這些照片，只不過照相所需的時間較長而已。利維感受到了記錄嬰兒存在的需求，而過去的嬰孩父母也一樣，他們往往默然站在嬰兒棺材旁，等著攝影師給出結束照相的指示。

然而，儘管出發點良好，回憶盒與利維的嬰兒照等物品還是能成為家庭分裂的焦點。在喪子、喪女的極端壓力下，關係中的裂痕可能會擴張成鴻溝。這間病房裡，人往往最為脆弱，同時也最為憤怒，有時家中會產生摩擦與拉鋸，這個空白盒子則會處於紛爭的中心點。每個人都以自己的方式處理悲傷，但是家人可能會批判彼此的哀悼方式，在擔心有人方法錯誤時，他們可能會試圖改變對方。

回憶盒問題的癥結點在於，大家在決定要在遺體身邊待多久、是否該做些記錄，甚至到底該不該看遺體時，有時無法達到共識。一些人認為，如果試圖忘卻或如實行「遺忘約定」的西班牙那樣掩埋證據，就能夠減輕人心中的悲哀，問題是歷史上的黑洞根本無法成為掩埋過去的墳墓。如果你沒能親眼看見真相，仍然困在無法相信事實的囚牢之中，那怎麼可能走至下一個階段、開始好好哀悼呢？

隆恩・特瓦耶先前提到自己會協助家長幫死去的孩子穿衣，但他也告訴我，在過去可能母親剛生產完、還在醫院休養，父親便會快速完成土葬或火葬的安排，讓孩子的遺體消失——如此一來，母親就不必看見遺體，也不會因那個畫面而更加悲傷了。我聽了不禁惱火，我若遭遇那種狀況，只會覺得自己的孩子被兩度從身邊奪走，而且第二次搶走我孩子的還是個我可以怪罪的人。不知有多少人的婚姻因此破碎，多少人的婚姻勉強存續了下去、存續了多久？面對難以言喻的悲傷，這些女人究竟將情緒放在何處？有多少女人就此沉溺在悲傷之中？

克萊兒表示，這種態度至今仍不少見，一些人雖心懷好意，卻無意中造成了傷害。她和平時一樣，對雙方都表達了同情。「你不是會本能地想保護他們嗎？他們不想看見自己愛的人體驗到自己所受的痛苦，也認為自己讓這整件事消失，就能讓痛苦一併消失。問題是，痛苦不會就這麼消失。」

聽克萊兒談論自己見過的個案時，我實在很難想像一些人行為背後的理由。她告訴我，之前有一家人的父親十分強勢，堅持不要回憶盒，但溫順的母親悄悄對喪慟穩婆表示自己非常想要回憶盒。穩婆們私下幫她準備了回憶盒，用照片與腳印記錄她孩子的身體，趁她離開醫院時偷偷塞進她的包包。三個月後，那名母親忽然打電話給醫院，泣不成聲地表示盒子被丈夫發現後銷毀了。

「可能是丈夫自己沒辦法面對回憶盒吧。」克萊兒說：「或者他見太太看到盒子裡的東西時難過的樣子，他自己也難過了起來。但是我們並不會保存照片，那不合法，所以我們也沒辦法再把那些東西給太太了，東西都已經永遠消失了。」

我問克萊兒，在生產當下，會不會也有家長不願意接觸嬰兒的身體？他們每次都會想看見自己的嬰兒嗎？還是會有人在自己與嬰兒之間豎起高牆，將孩子視為瑕疵品，滿心想移除並遺忘那個孩子？我聽見禮儀師波比那句話：「你看到的第一具屍體，不該是你深愛的人。」我想像首次看見屍體與孩子死亡的兩種感受揉合成一個瞬間，結果頓時感到全身不適。不知有多少家長因為對未知的恐懼，因為迫切想保護自己，結果剝奪了自己與孩子相見的唯一機會。

「大部分情況下，大家都想看嬰兒。」克萊兒說道。「大家一開始可能會抗拒，可是嬰兒出生時，他們還是想看。這和心理建設很有關係，畢竟一個二十周大的嬰兒和足月的嬰兒很不一樣，他們看起來很晶亮，不管是膚色或透明度都不一樣。每個人在看完醫生以後，應該都會自己Google看看吧？他們克制不了這種好奇心。」

嬰兒的死因千奇百怪，有些是肉眼可見的因素，這間病房出生的嬰兒有的嚴重畸形，例如嚴重的脊柱裂（脊髓外露，沒有被包在皮膚內）、無腦畸形（大腦與頭骨的畸形，嬰兒天生沒有頭頂）。除此之外，還有一些胎兒的心跳已然停止，引產過程卻不順利——可能是母親身體對引產藥物沒什麼反應，或是其他原因所致，所以胎兒在母親腹中待了數日、數周。無論是在子宮內或子宮外，屍體必然會發生一些變化，膚色會改變、皮膚會剝落，克萊兒說胎兒皮膚可能會像破掉的水泡般鮮紅。「家屬看了會很傷心，第一個反應通常是：這樣會不會痛？」家長不確定這是不是嬰兒仍活著時發生的事。「這不會痛，就只是因為液體不在嬰兒體內循環，滲到了皮膚下層，使皮膚變得非常脆弱。」

每當我問起家長的反應，克萊兒便一再強調每個人的反應都不同，在面對死嬰時並沒有正確的反應方式。我們社會整體對屍體都有些反感，從小受到的教育就是要遠離屍體，並在想像中構築死屍的模樣，窮盡大腦的極限將它們堆疊為極致的恐怖。在這種情況下，從自己體內生出一具屍體並將它抱在懷裡，那又是迥然不同的體驗了。克萊兒會盡量為每個家庭制定最合適的做法，假如家屬不確定要不要看嬰兒，她會選擇逐步讓他們接觸孩子，讓他們慢慢適應。她會先將嬰兒帶出去，和他相處一段時間，然後回來對家屬描述嬰兒的模樣。她也許會建議家屬先看看照片，也許會將嬰兒完全裹在毯子裡交給他們，或者讓嬰兒小小的腳從毯子裡露出來。在一番溫柔輔導並得到充足的適應時間後，大部分家庭都會改變心意，決定見一見自己的孩子。

「我覺得某方面來說，大多數人看到嬰兒不是自己想像中那副可怕的樣子，甚至會鬆一口氣，簡直像在說：『哇，天啊，他長得就跟嬰兒一樣。』他當然長得跟嬰兒一樣了，他就是你們的嬰兒啊。我這些年培養了一種信心：對待家屬的時候一定要親切同情，不管在什麼情況下就是要親切同情，但也要誠實，」她說：「還有注意自己說出口的話和說話的方式。如果家長看到孩子的時候沒有大受打擊，那就表示你做對了，你幫他們做好了心理建設。家長很難把『其實我很怕，我不敢看我的嬰兒』這句話說出口，所以你必須在那種情況下讓他們知道這些是正常的感受，雖然這一切以外面社會的標準來說，很不尋常。」

喪慟病房裡，不會有人對你掩藏死亡的存在，所以你完全了解自己能做的一切——簡單而言，你感覺自己需要做的事，你都能做。然而，並不是所有醫院都如此，在美國密西根大學於二〇一六年發表的一篇研究中，三百七十七名孩子死產或產後夭折的受訪女性當中，十七人被醫師與護理師告知她們完全不許看嬰兒，三十四人提出抱嬰兒的要求時遭拒絕。這篇研究的主旨是探討母親喪子喪女後的創傷後壓力症候群與憂鬱症程度，結果顯示，失去孩子的女性罹患憂鬱症的機率是平時四倍，罹患創傷後壓力症候群的機率則是平時七倍。至於有沒有抱過嬰兒是否會影響憂鬱症與創傷後壓力症候群的罹病率，研究者就無法得出結論了，因為當初有機會抱嬰兒的女性人數太少。儘管如此，研究者還是印證了克萊兒的說法：無論嬰兒是死產或在產後數天夭折，無論嬰兒仍是胎兒或已經足月，失去孩子的心理創傷與情緒創傷都大同小異。

在喪慟病房裡，「看見」就是一種哀悼。原本單純專注於身體復原的母親，也會知道自己若想抱嬰兒，醫護人員便會盡量滿足她們的需求。如果她知道醫護人員不會對嬰兒做心肺復甦，那她可以將嬰兒抱在胸前，直到小小的心跳消失為止。

無論家屬想怎麼做，克萊兒都會從旁配合與協助他們。

「如果都沒有人和你討論過這些，你就永遠不會知道自己有這些選項。」克萊兒說：「連自己有哪些選項都不知道的話，你怎麼會想到要看死去的嬰兒？你更不會去想：我想留下孩子的手腳印或拍照片嗎？我想在孩子死去時抱著他嗎？那種情況下，你又怎麼有辦法考慮這些呢？對家屬來說，最痛苦的部分就是日後回想起來時，為當初的決定感到後悔。你可能會在好幾年後想到這件事，心裡就想說：『我那時有機會抱抱孩子的，卻沒有抱他。』」

* * *

我和克萊兒約好在喪慟病房見面並姍姍來遲之前的那個夏季，報章媒體上隨處可見一隻鯨魚的照片：一隻虎鯨在孩子死去後十天仍帶著孩子，用頭部推著孩子的屍體游在英屬哥倫比亞外海。那頭虎鯨經歷了十七個月的孕期，卻只當了三十分鐘的母親。最後，虎鯨在冰冷海水中推著沉重的悲傷游了太久，終於累得放下孩子，這部分也上了新聞。

我們將鯨魚視為人類情緒的具體表現，這也是情有可原，畢竟牠們是如此未知、如此神祕、如此巨大的生物，我們可以將任何感受投射到牠們身上，彷彿對著建築外牆做情緒的「墨跡測驗」[9]。那隻虎鯨之所以上新聞，是因為牠不願放開死去的嬰兒，我們所有人都為牠心碎，但也有人覺得奇怪，牠明明隨時可以離開、忘了這一切，為何堅持要推著孩子的屍體游在海中？母鯨從深海浮上了水面，從我們潛意識拖出了某種情緒，在新聞上讓我們看個清楚：「假裝一件事沒發生過」和「哀悼」可是大不相同的兩回事。

無論死去的人是老是幼，都沒有人能預估死者親友的悲傷，每個人在我們心目中的意義，都是由我們獨自感受——不過嬰兒死去所造成的悲痛又更不一樣了。在失去嬰兒時，你失去了你以為自己能生下並養育的孩子，不會有任何人見到你的孩子，所以除了少數和你同樣目睹事件的人以外，你無法向任何人傾訴自己的傷痛。不管你是鯨魚或人類，你可能就是無法放開孩子的屍體，因為你除此之外什麼都不剩了。

伊甸病房的太平間只收這裡的死者，不會有嬰屍裹著布放在成人屍體下方的

---

9 Rorschach test，又譯為羅夏克墨漬測驗，受試者需要觀看十張有墨漬的卡片，回答自己認為墨漬看起來像什麼。這項測驗常用於評估受試者的人格與心理狀態。

托盤上，這裡也不像一般醫院地下室的太平間，滿牆冰櫃只有特定幾個位置是給嬰兒用的。這裡就只有一個冰櫃，房間漆成了天藍色，牆上還繪有粉紅色與薰衣草色的小花朵。它不像其他醫院太平間那樣燈光明亮刺眼，而是個可以坐著待一會的舒適空間，有些家長會在喪禮前天天回來為死去的孩子唸故事書，還有人午夜輾轉難眠，致電請醫護人員檢查他們孩子的狀況。也有一些人將嬰兒放入有保冷功能的小嬰兒籃，把孩子帶回家，試圖將一生的呵護全擠進喪禮前這兩周，直到孩子小小的身軀被泥土或火焰吞噬為止。他們也許會帶著裝著嬰兒的籃子出去野餐，讓嬰兒的兄姐在一旁玩耍。有些人會用全新的嬰兒車推著孩子到醫院後花園，花園裡也有一棵樹——這次是活生生的樹木，上頭掛著無數隻塑膠蝴蝶，寫著一個個曾在此逝去的嬰孩名字，在風中飛舞。

我們往往不知該如何談論嬰兒死亡這件事，不會對人提起自己流產的經歷，聽別人說起嬰兒死產時則會驚駭地陷入沉默。沒有任何人想說錯話，所以沒有任何人開口。失去孩子的新手家長自動加入了他們根本不想加入的「俱樂部」，和一般人之間出現隱形的隔閡，他們的人生也永遠無法回到從前的樣子了。考慮到上述困境，克萊兒即使相當資深、可以升上行政管理職位，卻仍堅持從事臨床工作。她想在親眼目睹事情全程，想成為和嬰兒見過面的少數幾人之一，在多年後仍能安慰情緒迷惘的家屬。有時曾失去孩子的母親會再度懷孕，希望能和一個了解她們身心之脆弱、明白事情很可能再次出錯的人談談。

克萊兒見過家長對於再次失去孩子的恐懼，自己也感受過那份恐懼：她自己第四次也是最後一次懷孕時，過程中出了問題，胎兒不再成長，那時她就知道自己接下來可能得面對的現實了。克萊兒的丈夫（一個據她所說絲毫不情緒化的男人），見過她的畏懼、她無聲的擔憂，也在緊急剖腹產成功、嬰兒安全誕生時潸然淚下。克萊兒承認自己作為母親保護欲過剩，她之所以畏懼死亡，完全是擔心孩子們必須過沒有母親的生活。她在伊甸病房裡看過太多次悲劇了。

我有些恍惚地離開病房時，克萊兒指點我去往附近一座小花園，那是醫院的水泥街區當中一片綠地。我走在碎石小徑上，在這片人造綠洲回眸望向那棟樣式簡單的磚建築，讀了寫在塑膠蝴蝶上、掛在樹梢的嬰兒名字，看著它們短暫地捕捉日光。不知浴盆裡那個嬰兒叫什麼名字？如果我知道他的名字、寫下來掛到樹上，會不會有些許幫助？「拜託你想想辦法。」多年前那個女人抱著不停喘息的小嬰兒，苦苦央求克萊兒道：「拜託你幫我。」我想到在車上啜泣的克萊兒，想到浴盆裡的嬰兒，想到自己站在原處眼睜睜看著他下沉，想到自己無法讓他活起來也無法改善現況。我回想起自己當時的感受——我這輩子還是第一次那麼迫切想採取行動，恨不得想辦法做些什麼。花圃裡的風車在微風中轉動，只要抬起頭，你就能看見病房窗戶，而在病房裡，克萊兒正等著迎接下一個嬰兒。

CHAPTER 10

# 土歸土

# **掘墓人**

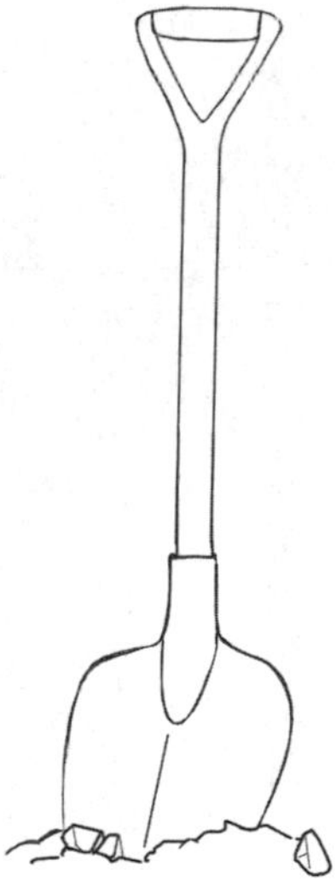

早春時節，樹上仍不見花葉的蹤影，天上仍覆蓋著沉沉烏雲，雜亂的墳墓之間冒出了一簇簇黃色報春花。英國布里斯托市的亞諾維墓園建於一八三七年，如今已滿是被常春藤吞沒的墓碑，粗壯的樹根將墓碑從土中頂了上來，歪歪斜斜地靠在隔壁墓碑身上。我就是喜歡維多利亞時代老舊墓園的這一點：它們不像洛杉磯強迫症等級的整齊墓園，草坪並沒有修剪成高爾夫球場般的完美綠毯，墓碑也不盡是閃亮的白色大理石。那些漂漂亮亮的墓園體現出了事物與大自然之間的拉鋸戰，而亞諾維墓園則是被毫不留情的生命力量與青苔占據的死亡之地，墳墓被藤蔓與枝葉淹沒，彷彿生命與死亡兩種力量的融合。這種墓園彷彿在說：死亡是生命的一部分，是世上萬物的一部分。

我經過一隻頭被扯掉、頹然靠著傾倒的十字架的泰迪熊，身體忍不住微微一縮，然後繼續沿著陡坡向上爬。希望這次訪談會輕鬆一些，之前採訪過解剖工作者與喪慟穩婆後，我內心仍隱隱作痛。至少這次我是在戶外，而不是在醫院病房或位於地下室的太平間，這也多少有幫助。

我來到墓園制高點，看見麥可與鮑勃坐在有史以來沾了最多泥濘的小貨車內，隔著擋風玻璃朝我望來。六十歲的鮑勃沒剩幾顆牙齒了，七十二歲的麥可彷彿兩人之中的發言人，他跳下貨車揮手示意我爬上坡頂：「要來看看我們的成果嗎？」他立刻對我露出了友善的笑容。鮑勃坐在貨車裡親切地揮手，打手勢表示想待在溫暖的車內，於是由麥可帶我走向一塊凹凸不平的土地與新掘的墓。

地面那個凹坑邊緣也是青草，周圍鋪了厚實的綠色布料，坑洞兩側則擺了兩條長木板，是讓抬棺人站在墓邊時保持地面穩定之用。木板上也鋪了綠布，布料垂進了凹坑，坑洞側面線條分明，被切斷的樹根與泥土齊平，彷彿機器整齊切割出來的。兩條較細的木板以「V」字形架在坑洞上方，到時棺材會暫時由木板撐在地面上，等牧師唸完安葬詞之後再由抬棺人提著纏繞棺材把手的帆布條，將棺材慢慢放入泥土坑洞。掘墓時挖出來的泥土就堆在洞旁，上頭也鋪了綠布，乍看下看不見鬆動的泥土，只有坑洞最底部除外——這層薄薄的土壤將會隔在已然入土的丈夫與喪禮目前在同一條街上舉行的太太之間。麥可告訴我，在掘家族墳墓時，通常能感覺得出附近是否已經埋了棺材，棺材周遭的土壤往往會潮濕一些，如果棺材年代特別久遠，那棺蓋甚至有可能凹陷、內塌。

我低頭看去，靴子距離邊緣僅一英寸，再往前便是深淵。我也曾站在墳墓前，那是在澳洲一座沒有樹木的平地墓園，我牽著祖父的手站在遮雨棚下，看著祖母的棺材被封入地面上的水泥墓穴。祖母生前再三表示她生怕在地下六呎逐漸腐爛，不知為何，比起死後的虛無她更懼怕被蟲啃食（她是天主教徒）。當時我站在墓園裡，心中萌生了好奇：在這酷熱的夏季，祖母鎖在她的水泥箱裡，會不會整個人被烤熟？

然而此時站在等著陌生人入土的墳前，我卻有種奇怪的距離感。我並不是握著別人的手，也沒在努力消化親友去世的消息；我的心思沒有因失去某個人而佈滿迷霧，腦中沒有一再閃過不可能重來的往昔回憶，我也無法想像那人此時的模樣或六個月後的模樣，因為我從未見過她的臉。我低頭凝視著土坑，滿腦子只想到了自己：如果我躺在坑裡仰望上方，看見自己站在邊緣往下望，不知會是什麼感覺？

看著下方的坑洞，我主要覺得裡頭看起來很冷。我想到了隆恩·特瓦耶對我說過的另一件事：你若是在美國中西部的冬季去世，遺體會等到春季土壤解凍以後才下葬，在那之前，你會先被暫存於地表的墓室裡，和幾個「鄰居」待在一起。但他也說過，偶爾會有農人堅持要在冬季下葬，他們平時在磨坊工作，知道地表的建築物有多麼冷、地下六呎的土壤有多麼溫暖。掘墓人受了隆恩的波本威士忌誘惑，還是會拖著「炭爐」（charcoal cooker，一種與墳墓等長的金屬拱蓋）到戶外，將爐子在地上放二十四小時解凍土壤，以免挖土機被冰凍的地表弄壞。在美國中西部，冬季掘墓就和在水泥地挖洞同樣困難。

我腳下的土壤主要是黏土，麥可說這是最適合掘墓的土質，黏土不同於較貧瘠的土壤，能自然地維持架構，不會在你掘到一半時崩垮。這一區大部分墓園的掘墓工作都是由麥可與鮑勃完成，他們從離開學校後便一直做這一行，當地人都稱他們為「伯克和海爾」[10]。

蓋著一旁土堆的綠布一角，擺著一個骨灰罈形狀的棕色小甕，甕口塞了軟木塞，這口甕破舊又有許多凹痕，上頭還有沒擦乾淨的泥指印。麥可拔開軟木塞將甕拿到我面前，根據他的說明，這是牧師舉行葬儀、唸到「塵歸塵，土歸土」那段話時撒在棺材上用的土。我發現這和墳裡或土堆的土質不同，除了較乾以外顆粒也較細，比起從坑裡掘出來的黏土，它的質地更接近沙子。我問麥可這些土是從這裡來的呢，還是別處找來的。「鼴鼠丘。」麥可一面將軟木塞塞回去，一面對我說道。他會在自家花園收集鼴鼠丘的土，裝入供牧師使用的土罐——和成團的黏土相比，鼴鼠挖洞時踢上來的土細膩許多，落在棺蓋上的聲響也較細緻。「鼴鼠丘的土向來很不錯的。」他邊說邊將小甕放回旁邊的墓碑後方。

---

10 十九世紀惡名昭彰的連續殺人犯二人組，詳情請參考第二章〈贈禮：大體老師服務總監〉。

＊
＊
＊

世上最知名的幾座建築物及人類最珍愛的奇觀，都是墳墓——埃及金字塔，印度的泰姬瑪哈陵，這些都是存放死者用的紀念性建物。除了處理屍體的方式以外，我還真想不到簡易與奢華之間差距如此之大的領域。還有比地上一個坑洞更簡單的葬法嗎？還有比泰姬瑪哈陵更宏偉的陵墓嗎？

我們坐在曾經是白色的貨車裡，分食儀表板上一個保冷袋裡的酒味軟糖，麥可平時會請抬棺人吃些小糖果。我們嚼著軟糖凝望窗外，等著送葬隊伍前來，這是麥可與鮑勃的例行公事——填土之前的墳墓還不算完整，他們想在每一場葬禮過後確保一切順利完成。他們低調地在一旁等待需要登場的時候，有時抬棺人將棺材放入凹坑的方式不夠四平八穩，棺材像潛到水下的潛水艇一樣，麥可便會快快上前調整角度，再快快退回人群邊緣。

我們等待的同時，麥可將掘墓的流程告訴我，他說在開始挖掘前你必須先了解死者的尺寸，但大家往往會出於禮貌而提供較低的估計數值，因此麥可與鮑勃會習慣性將洞挖得寬一些，以免有人卡住——過去就發生過這種事，當時棺材把手比他們預期的凸出，他們只能臨時將坑洞挖得更寬，家屬則只能穿著不適合在泥濘中行走的鞋子在一旁閒晃等待。六人用的家族墓地必須下挖十英尺，三人以下的家族墓地則只需掘六英尺深，疊在最上層的棺材最後會加上一塊石板蓋，防止動物挖掘。假如該區植被不算茂盛或墓碑不多，他們會用小型挖土機完成大部分挖掘工作。

鮑勃負責操作挖土機，麥可負責下指令，也是由他跑在前頭將軌道般的木板鋪在草地上，以免草皮被機器壓壞。不過，在無法將挖土機開進新墓所在區域的情況下，他們就得全程人工挖掘，提著鏟子付出勞力。只能用手開挖的話，一個墓可能得花上他們一整天。在教堂附設的老舊墓園裡，他們挖著挖著可能會找到沒有墳墓標記的骨骸，也許當初是裝在棺材裡下葬，但棺木已經腐朽殆盡了。這種時候，他們會將骨骸裝入袋子，埋回地下，不將任何人帶離他們原本安葬的位置。

挖到某個程度後，你必須爬到坑裡完成最後的工作，這方面他們會交由一批不固定的年輕男子負責，這些人多是學生，會在找到新工作或暑假結束時交棒給下一個人。我之前注意到坑洞內側每一面都整齊平坦，就連樹根也修得齊平，這都是多虧了某個年輕人的努力，是那個人跳進洞裡將每一個平面修得如此美觀的，而偶爾感覺到下方棺蓋塌陷的，也是這位年輕人的雙腳。

麥可與鮑勃葬過朋友、嬰兒、後來被掘出做檢驗的謀殺案被害人，兩人也都葬了自己的母親——無論死者是誰，他們都在對方的幫助下挖掘墳墓。等他們自己也死去後，母親的墳會被重新挖開，他們的棺材會放到母親棺蓋上方數英寸處。如此說來，他們都已經挖過自己未來的墳墓，也體驗過站在裡頭的感覺了。

我問到他們當時的感受時，兩人互視了一眼，他們不太會花時間思索這類問題。麥可說道，死亡和墳墓一樣，就是個實際的東西，你即使站在裡頭，也終究是個只能在外面探頭探腦偷窺的外人。況且他們就是當地的掘墓人，為什麼要由別人替他們或家人掘墓？無論死者是母親或陌生人，他們都會照常工作。鮑勃說他期待再回到媽媽身邊，因為在兩年前母親去世之前鮑勃一直與她同住。話雖如此，他卻也畏懼夜晚的墓園。「她會保護我的。」鮑勃喃喃說道，對我露出了靦腆的微笑。

我們又分別吃了幾顆酒味軟糖。首先傳來的是馬蹄達達聲，然後我們隔著髒兮兮的擋風玻璃，遠遠望見了牠們頭上的羽飾。

* * *

戴著高帽的車夫駕駛華麗的黑馬車來到路邊，車上載著那位太太的棺材，棺材半埋在數不盡的花圈之下。麥可跳下車對抬棺人下指示，指引他們將棺材抬到墓前；明明全場只有他一個男人沒穿西裝，他卻低調得幾乎隱形。他垂首站在一個個墳前，雙手交握在滿是泥濘的羊毛衣前，靜靜地等待。他說有時送葬者會注意到他，問他幾個問題：棺材能保存多久？父親會不會被蚯蚓吃掉？他都告訴這些人，蚯蚓沒辦法鑽到那麼深的地底，一般都在靠近地表的土層活動，懶得鑽進深埋在地下六英尺處的棺材。送葬者大部分的問題都和蚯蚓有關——我想起葬在了地上墓穴的祖母，不由得信了他的說法。

四名抬棺人將棺材抬到了墓前的木架上，暫停片刻調整姿勢，然後將棺材挪上架在坑洞上方的木板。麥可此時站在牧師背後，和新墓之間有幾座墳的距離，他再次交握了雙手、肅穆地垂頭，那個裝著鬆軟鼴鼠丘土的小甕就擺在牧師腳邊。葬禮過程中，麥可一直站在原處、注意現場狀況，以免有他站出來幫忙的需要——一段時間後，他果真來幫忙了，只見他站到身穿西裝的人之間，抓住一條布帶緩緩將棺材放入地底，接著又退回一旁。

等送葬者紛紛挽著手繞過一個個舊墓離去，便是掘墓人出來工作的時候了。鮑勃下了貨車，今天來幫忙的年輕人——伊旺不知從哪裡冒了出來。他們搬起木板，綠布摺好後堆到了手推車上。鮑勃將挖土機從拖車上移下來，麥可重新將木板鋪在草地上有印痕的位置，伊旺則用鏟子往坑裡填了一層土，等等沉重的黏土從怪手落下時才不會直接衝擊木製棺蓋。鮑勃駕駛小型挖土機過來，將旁邊那堆土推回洞裡，另外兩人將邊緣土壤修得整齊一些，並把花環放回墳上——冬青、粉紅玫瑰、黃水仙。他們忙著進行其他工作時，鏟子被他們插在旁邊的土裡，互相倚靠著。

掘墓人後退幾步，評估最終的結果。這次沒有能放到頭部位置的墓碑，他們為此感到失望；麥可猜家屬還在等下一個人去世，打算到時一併訂製墓碑。地下那個男人就是在沒有墓碑的墓裡躺了數年，等著太太來到他身邊。

土壤會隨季節變遷與降雨而沖刷與改變，所以剩餘的土壤會用以填補附近凹凸不平的墓。麥可撿了幾塊滾到鄰近墓碑的黏土，尋找表面不平的墓用手上這幾塊黏土填補。最後，他們在短短半個小時內收拾了所有工具與器材，掘墓人回到貨車上隔著車窗對我揮揮手、開車離去。

葬禮與信任感息息相關，你會被葬入不受自己控制的一塊土地，你入土後這塊土地會被如何處置完全取決於其他人。到時是由別人決定是否修剪墓上的青草，你上方的土地下陷或墓碑傾倒都得由別人來處理，他們甚至可能將整片土地賣掉或改做他用，或者將你的屍骨遷走、原本的空間用來建鐵路隧道。當你選擇被埋葬，就等同盲目地信任他人，你不會知道後來發生什麼事，就只會被放入大箱子裡，不會有任何人在旁邊顧著你。然而，有人會在經過時幫你稍做打理，填平土地凹陷的部分，替你好奇你的墓碑到哪去了。當牧師將鼴鼠丘土撒上棺蓋時，沙土落下的聲響果然如羽毛飄落般輕柔。

CHAPTER 11

# 魔鬼的車夫

# **火葬場操作員**

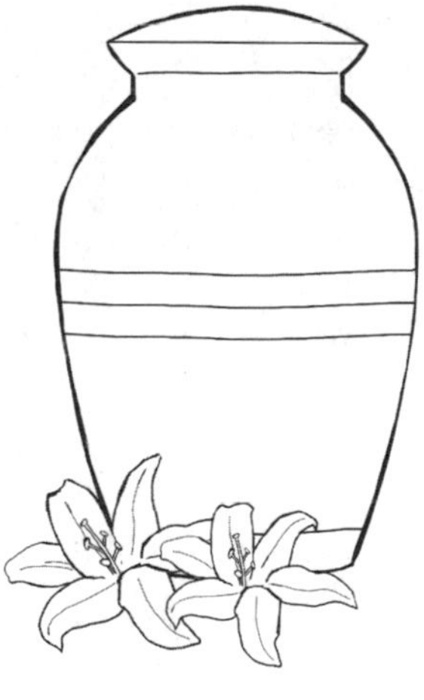

東尼・布萊特幫我保留了一口棺材。我因為火車班次取消而遲到了四十五分鐘，正匆忙沿著小徑跑去時，就看見他站在門外等我，身後則是形狀方正的磚造火葬場教堂。東尼五十多歲，緊身黑T恤紮進了黑色牛仔褲，腰間還繫著滿是金屬釘的皮帶，袖口露出了褪色的刺青。

我們從建築物後方一道門入內，循著階梯邊緣的黃黑色警戒線進入地下室。四個有著金屬門的火爐映入眼簾，一口木棺擺在爐前的白鋼起重機上，棺材先前在樓上教堂時掛了花環，此時只剩下固定花環用的綠色黏土，黏土痕旁邊則是刻了死者姓名的金屬片，一張照片夾在金屬片下方，照片中是兩個幼小的金髮孩童。

我已經見識過太平間成排直立的空棺，也在殯儀館見過有主的棺材，然而棺材對我而言卻仍具有象徵意義與某種真實性，令我一時間喘不過氣來。我曾在十字路口等紅燈，卻因為靈車駛過而錯過綠燈，後來才被喇叭聲喚回當下。我在腦中想像那個畫面：肩膀剛好位於棺材稜角處，離鼻尖如此之近的棺蓋，黑暗中交握的雙手。而現在這口棺材處在黑白分明的工業環境下，少了鮮花與宗教儀式等點綴，這和你看著靈車停在家門外、等著載你和家人前往教堂的衝擊力大不相同……但箱子本身卻仍有某種令人目不轉睛的引力。

東尼繞過棺材，示意我跟上，接著縮身鑽入機器之間的縫隙，透過觸控面板控制火爐。明明是火焰與磚塊製成的東西，卻意外地高科技，設計風格近似Windows 95。附近磚牆邊擺著兩個架子，上頭排滿了一桶桶骨灰，東尼表示這些死者的家屬還未決定是否要見證撒骨灰的那一刻，擺在上層的則是家屬已經決定不去參加儀式的死者，東尼還是會給他們兩周時間慢慢考慮，以免他們改變心意。有些人確實會改變心意。與火化室相連的小辦公室裡，擺了等著被家屬帶回去的骨灰，但有時不會有人來取骨灰。

磚爐裡的溫度必須到攝氏八百六十二度，才能達到火化而非烘烤的效果。我們站在螢幕前，看著數字慢慢上升：八百五十四、八百五十五。螢幕中間一張長條圖顯示了各種數值，東尼在音量漸增的「吼」聲中對我說明各個數值的意義，我只聽見其中一些片段，似乎是和冷卻與加熱以及空氣過濾有關，他們想避免將肉眼可見的煙霧排到建築外。他指向上方錯綜複雜的鋼製管線，以及我們下方的幾個隔間，對我說起紫外線感測器、空氣流動、火星塞等細節。他拉開一道小門，裡頭是主要燃燒器——火爐的核心，加熱爐內空間的火焰所在處，只見火焰熊熊燃燒，焚燒著湧進去餵養烈焰的新鮮氧氣。一隻黑甲蟲匆匆跑過地面，體節分明的長身體在身後捲了起來，看上去和蠍子有點像，我指向牠。「那個叫『魔鬼的車夫』。」東尼在巨響中喊道，臉上帶著大大的笑容。他知道我不會信——我後來查了Google，還真有這種蟲[11]。

數字持續攀升：八百六十一、八百六十二。東尼快步穿過走道，回到在火爐門前等待的棺材邊，叫我站在房間一角以免擋路，然後按下一個藍色按鈕。一道門向上滑開，只見門內是磚頭砌成的烤爐，磚塊都燒得橘紅，水泥地面則和月球表面同樣坑坑巴巴。我努力擠到房間角落，即使距離火爐十英尺，還是能感受到撲面而來的熱燙。

「這就沒什麼儀式感了。」東尼一手搭在棺材尾端說道。

唯有站在開了門的火爐前，你才會赫然意識到再顯而易見不過的一件事：棺材底部並沒有裝輪子。棺材此時擺在起重機上，但火化室裡並沒有滑輪或槓桿可用以輕輕將沉重的棺材移到爐裡——至少這間火葬場並沒有這類設備。所以在這裡，東尼只能仰賴毫無儀式感的動量與手眼瞄準。只見他將棺材往起重機平滑的金屬表面一端滑去，接著單手猛推一把，用全身重量將棺材推入火爐口。棺材碰碰撞撞地滑過凹凸不平的水泥地面時，我不由自主的驚呼聲被火爐的隆隆聲響吞噬了，我看見紛飛的火星化為橘紅爐中一個個白點，兩個孩子的合照飄到一角、猛然著火。爐門從上往下關閉時，棺材已經燒了起來，我踏上前透過小孔往內望，看著木材被火焰吞噬殆盡，空氣中飄著淡淡的蒸蛤蜊味。

東尼伸出雙臂讓我比較，果然一邊手臂比另一邊結實許多，宛如左右不對稱的大力水手。「我好像該偶爾換邊的。」他笑著說道。都已經是三十年來的習慣了，何必改變呢？

＊＊＊

布里斯托市的坎福火葬場平均一天火化八具遺體，一年共約一千七百具。東尼每早從墓園裡的小木屋走出門（這算是員工福利），七點鐘開啟火葬爐，讓爐子預熱兩、三個小時之後再開始火化遺體。他們今早已經火化了四個，下午則排了三個，我是在中間空檔來的。東尼頻頻低頭看錶。

環繞火葬場的墓園約有百年歷史，火葬場本身則是約五十年前建成，從它落成至今英國所有喪禮當中的火葬比率從百分之三十五上升到了百分之七十八（美國的火葬比率落後於英國，至今仍只有百分五十五）。除此之外，人的體型也與過去不同，一個人身高超過六呎十吋或體重超過一百五十公斤，棺材可能就無法放入老

---

11 Devil's coachman，中文名為魔鬼隱翅蟲。

教堂地板的洞口、無法移到樓下火化了。當地殯儀館也了解這個限制，所以體格較魁梧的客戶就會送往別處火葬。

開始在地下室工作以前，東尼作為十二名園丁之一在外頭的墓園裡工作，照料三十塊玫瑰花圃與兩千多棵樹叢、修剪樹籬與矮樹叢，並照料溫室中的花朵。在過去，溫室裡的鮮花會裝入教堂裡的花瓶，如今花瓶裡插的都是塑膠假花了。儘管身為園丁，東尼一直對火葬場的機械深感興趣，那裡的薪水也（相對）高，而且如他本人所說：「你總不能永遠待在又濕又冷的室外吧。」地下室裡隨時都十分溫熱。

我們來到了廚房，這是間非常陽春的政府機構休息室，東尼拿了杯子喝即溶黑咖啡，他同事大衛則在吃火腿炒蛋吐司。塑膠貼面桌上擺著一個塑膠托盤，盤上是超市買來的巧克力碎片馬芬，我們吃馬芬的同時，幾具屍體正在樓下的火爐隔間裡焚燒。

我來參觀火葬場是為了見識死亡的工業面向，到了這一步，所有與生者相關的儀式與禮節都已然結束，只剩下遺體被火焰吞噬的部分了。我認識了安排喪禮的人、仔細製作臉部翻模的人，以及為了讓家屬最後一次看死者的臉而小心翼翼地調整屍體五官的人。這間地下室就是那之後的下一步，所有和生者的互動都結束了，只剩下將棺材推入火爐、將骨骸攪切成碎片的工作者。至少，我原本是這麼想的……但我很快就發現，事實並非如此。

我和東尼與大衛聊了一個小時，深切認識到了樓上與樓下之間的溝通斷層，當大家缺乏對死亡的認知——也許是無知，也許是因為禮儀師沒說明事實——樓下的火化步驟可能就進行得不順利，或者較不順利。東尼表示，他絕不可能接下必須觸碰屍體的工作（「它們很嚇人耶。」他邊說邊全身一縮），大部分時候他也的確不必接觸屍體。

假如所有人都了解整個系統的運作方式，屍體對東尼而言就只會是理論上躺在棺材裡的東西。問題是，一家人花費數月爭論延遲已久的喪禮該由誰出錢時，並不會考慮到最終在火葬場接收屍體的人。他們不會想像東尼靠著地下室牆角靜靜等待，油壓起重機還未將棺材帶下來，他就已經聞得到上方飄來的氣味了。他們不會事先想到屍體滲水染汙靈車、教堂與地下室，導致東尼接下來幾天都得泡在腐屍的臭味之中——那味道臭到禮儀師送他空氣清淨劑以表歉意，結果根據東尼的說法，空氣清淨劑比死去的男人還要難聞。「你自己聞聞看。」說到此處，他神情驚奇地拿起剛從辦公室拿來的棕色小瓶，瓶蓋已經開了。它聞起來像化工甘草，讓這種東西擴散到整間房間就等同對自己的鼻子宣戰。「屍體是有保存期限的。」他一面說，一面緊緊將瓶蓋扭回原位：「禮儀師好像有時候不太在意那個期限。」他把瓶子放回架上，沒有要拿下來用的打算。

另外，還有些家屬注重環保，於是禮儀師會賣藤編或厚紙板棺材給他們。當初藤編棺材與厚紙板棺材進入市場時，無人考慮到將棺材推入火化爐這個問題——木製棺材之所以能被東尼硬推進去，是因為木板能夠順利地滑過水泥地面。早期的藤或厚紙板棺材可能還沒完全推進爐子，就會先著火燒盡了，這時火葬場工作人員只能直接將屍體推進火爐，後來在多方討論與測試後，大家開始使用底板較厚的棺材。除了較方便推入火化爐之外，傳統木棺的木材也可成為燃料，而在無木材可燒的情況下，東尼只能用煤氣噴嘴加強火力——結果藤棺與紙棺就失去了原本的環保意義。屍體如果不起火就只會在爐子裡烤熟而已，你透過小孔往內望，會以為裡頭的男人身上穿著緊身潛水服。在煤氣噴嘴的助力下，屍體幾乎會炸成碎塊。

我問東尼，他從事這一行三十年了，會不會想到自己的死亡或自己的遺體被燒毀，東尼的回應卻是得意地將他家狗狗的照片拿給我看。布諾是他領養的史特福郡鬥牛㹴犬，身上白毛夾雜了棕色斑點，滿是橫肉的臉伸出了大舌頭。東尼彷彿熱戀中的男人，笑得合不攏嘴。「我錯過了，我躲過自己的死亡！」他說道，還是沒說明我為何在看狗照片，但我也不介意。「我四年前時速六十英里騎機車，騎一騎就被撞飛，那時候老布諾就坐在邊車裡。」

東尼頭部撞地，布諾則毫髮無傷地從那臺川崎Drifter的邊車飛了出去，最後在稍遠處落地。東尼被送去醫院時，布諾一直耐心地坐著等他，等著被領回家。

東尼經常帶人參觀火葬場，許多新上任的牧師或禮儀師會像我這樣前來參觀，了解樓上做的事對樓下造成的影響。然而東尼也逐漸發現，這份工作不只限於地下室，他在工作上接觸的也不只有死者，有時他也會帶將死之人進來參觀，這些人也許在規劃自己的喪事，想了解火葬的確切過程。東尼會讓他們看樓上教堂裡的靈柩臺——辦喪禮時棺材便會擺在這裝飾華麗的臺子上，而靈柩臺下藏有工業用起重機，由牧師按壓講道壇裡的黃銅按鈕控制升降，被神職人員使用數十年的按鈕如今已變色、磨損了。東尼會告訴參觀者，他們能決定是否在喪儀最後讓棺材下降至地下室。大部分的人不會這麼做，這主要是因為很多人誤以為棺材下降就等同直接送入火爐，也有些人想花一些時間慢慢對棺材道別，不希望受牧師、按鈕與預定地時程限制。「有一次喪禮才到一半牧師就突然昏倒了，結果不小心按到按鈕，我們還得把棺材送回來呢。」大衛笑著說：「我們那次還找了另一個牧師來完成儀式。據說第一個是食物中毒，整個人就這樣倒下了。」

東尼會幫參觀者介紹宗教儀式與較沒有宗教色彩的選項，他們可以在辦喪禮時用布簾遮住十字架。有時市政府出錢火化逝去的窮人或被遺忘的人們，這種喪事總是辦在最少人預訂的上午九點半時段，沒有人來參加他們的喪禮。這時東尼和大衛就會坐在樓上的長椅上，確保每個人的喪禮都有人出席，即使只有他們兩個也好。

過去五年來，這棟建築裡每一份工作大衛都代理過：東尼不在時他會代辦樓下的火化工作，他平時作為引座員在樓上教堂工作，偶爾也會掘墓或代替體力不足的抬棺人搬棺材。他甚至會在墓園裡撒骨灰，為家屬舉行小型儀式。他說他平時站在教堂門口，看著這許多送葬者坐在長椅上，不禁會想像未來可能有哪些人來參加他自己的喪禮。不過這都還好，真正影響他心情的是每天和哀悼者相處的這八個鐘頭，他成天看著悲傷的人們，自己卻愛莫能助或只能給予小小的幫助，久而久之感覺同情心疲乏了。受訓時，牧師會學到要在喪禮過後休息一段時間、恢復精神，但東尼與大衛只能接著面對下一場與再下一場喪事，坐在教堂裡、站在門邊，或在樓下等著棺材下來。而且喪禮往往在一個鐘頭左右結束，墓園卻一直存在於此。

「別人聽到我在這邊工作，就會問我相不相信鬼魂的存在。」大衛說道：「我百分之百不相信世界上有鬼這種東西，可是在這裡你天天都會見鬼，就是每天都來的這些人。他們都還活跳跳的，可是哀傷到什麼都不剩了，只能每天每天回來，每天站在墓碑前。」

在墓園裡整理環境時，大衛會試圖和這些「鬼魂」交朋友——又是那個帶著摺疊椅與報紙的男人了，又是那對天天來墓園繞一圈、在花園最低處讀古蘭經的母子了。但遇到老鰥夫，他就不知該如何和他們攀談了。這些老男人往往會搭公車上坡，獨自站在風雨中，這時大衛會忍不住在腦中編撰他們的故事。其中一個男人每周為亡妻買三束昂貴的鮮花，大衛每次都得在數日後將枯萎的花束丟進垃圾桶，這時他便會想像這個人對妻子懷有深深的歉疚。這些故事令大衛相當難受，光是提起此事他就忽然顯得萬分疲倦。「最後你就只能避開他們，因為你知道光是跟他們說聲『哈囉』就會抽乾你所有的生命力。」

廚房裡靜了下來，東尼用較粗壯的手臂將那盤馬芬推過來，問我為這不知道是什麼的工作成天待在這種地方，我會不會也感到心情煩悶。（他不是很清楚我的工作確切是什麼。）我告訴他，那種心情其實稱不上「煩悶」，但還是有些事物會對我造成特別大的影響……我並沒有對他說起嬰兒的事。我告訴他，差別應該在於我不過是這個世界的訪客，隨時可以離開，所以停留在我心中的不是哀傷——如大衛所說，哀傷是可能逐漸積累的情緒——而是這些即使不會有任何人注意到他們的努力，仍堅持選最正確選項的人們。妙佑醫院的泰瑞特別加班將人臉物歸原主，禮儀師在美國小鎮發生愛滋危機時趁下班時間偷偷讓死者男友進去道別，掘墓人堅持收集鼴鼠丘細緻的土壤。只要仔細尋找，你就會在這些人身上看見溫柔與關心，這許多人的工作和東尼與大衛的工作一樣，不限於徵人啟事上的描述。

* * *

「這次火化得很完美。」東尼站在機器前，手指停留在按鈕上方。

他開啟金屬門，我向爐內望去。我們此時站在機器的另一端，在他方才將棺材猛推進去的開口對面，假如屍體仍躺在爐裡，我們此時就是站在頭邊往雙腳方向望去，不過短短幾個小時內，無論是棺材或裡頭的人都只剩下一堆直冒煙的骨骼與焦炭了。棺材已然消失，頭骨後側被自己的重量壓得碎裂了——經大火一燒，人體上下的骨骼都變得脆弱易碎，宛如塵土拼湊成的3D形狀。我仍能清楚看見完整的眼眶、鼻骨與額頭，周遭則是逐漸燒成灰燼但仍散發微弱火光的木材。除了頭骨以外，還有纖細的肋骨、骨盆、一條完整的大腿骨，這些骨骼被爐內的氣流與火焰帶離了原本在體內的位置，四散在機器裡。一個年輕健康的人骨架會較堅硬穩固，不過這位是年老的女士，早在接觸火化爐之前骨骼便經歷過骨關節炎的摧殘。東尼用一根長長的金屬耙輕碰骨頭時，它們瞬間碎裂了，頭骨崩解、面部消失，彷彿被海浪吞噬。

「好喔，這個要不要給你耙？」東尼問道。

東尼將耙交給我，教我使用方法。我彷彿在擁擠的酒吧打撞球，耙柄末端離後方牆壁只有短短六英寸，東尼早已習慣了這樣的工作環境，我卻一再撞上後方磚牆。右到左，左到右，金屬刮過水泥的聲響與火爐吼聲同樣震耳欲聾。他指出了火爐前端的金屬滾柱，我將耙柄搭在上頭之後，背部突然輕鬆了許多。從棺材推進火爐到現在溫度已經降了不少，但我光是靠近仍感覺皮膚隨時會燒起來。在時間的磨耗下，火爐的水泥地面多了許多凹凸（他們近期剛修補過的火化爐地面就相對平滑了），我很難耙到所有碎塊。東尼抓起一把小巧的耙，接過了耙骨骸的工作，確保每一塊骨骼與每一堆灰燼都進到機器前端的凹洞，能在下方類似封閉式畚箕的金屬容器中冷卻。他盡量清除火爐中的骨灰，但無法避免一小部分卡在磚頭縫隙裡。金屬容器中，散發橘光的焦炭與碎骨裝在了一起，木炭會自己燃燒殆盡，最後只留下人骨。充分冷卻後，碎骨會被裝入骨灰研磨機——這是類似食物攪切機的機器，裡頭的金屬球能將碎骨撞成細灰，之後再裝入塑膠罈。塑膠罈顏色鮮明，像是裝番茄醬等調味料用的容器，有時還是綠色的。

火化過程中，一張印著死者姓名的小卡會跟著他或她移動，從火化爐到金屬容器，從金屬容器到骨灰研磨機，最後陪著他或她到骨灰罈。

並不是所有東西都能燒，有些植入人體的植入物會在死者入殮前先移除，以免在火化過程中爆炸。我到倫敦南部參觀波比的太平間時，我們先是幫亞當更衣，接著我站在一旁看他們在另一名死者胸口割了短短一道切口，從沒有流血的切口中移除心律調節器與相連電線。我一直下意識握著死去的男人的手想要安慰他，直到工作人員將他的輪床推走時，我才發現自己緊握著他的手。他是個白髮蒼蒼的男人，一頭亂髮不受重力限制，他彷彿造型浮誇的作曲家，彷彿站在風洞裡被氣流吹襲過。男人在生前大方地將遺體捐給了科研機構，卻不知為何遭婉謝，所以他比自己預期的日子早些送往類似坎福的火葬場火化了。

遺體送到東尼這裡時，不能放入火化爐燃燒的植入物都已經移除，剩下的金屬關節與骨釘會被他耙骨灰時挑出來，放入裝滿了這些破舊植入物的桶子。他們從前會將這些東西埋在墓園裡，但現在都會回收了。至於其他非生物性植入物——例如牙科用汞齊，會在燃燒時融化並釋放到大氣中，而禮儀師有時會忘了移除隆乳的乳房植體，這些融化後會像口香糖一樣黏在爐底。

最後被燒盡的往往是癌腫瘤。東尼也不是很懂其中道理，他猜是因為腫瘤缺乏脂肪細胞，或者是細胞密度較高——總之，一個人身體的其餘部分燒完後，燒得焦黑的腫瘤可能還會靜靜躺在骨骸之中。這時東尼便會開啟瓦斯噴嘴，直接對它噴火，腫瘤表面會在那一瞬間閃過金色火焰。「看起來簡直像黑色的珊瑚。」他說道。

東尼告訴我，他這天稍早開了其中一個火爐的門，看見「慘不忍睹」的火化結果。一般在火化後頑固地留下來的腫瘤可能只有一塊，但這名死者的腫瘤似乎長在了全身各處，從頸項延伸到骨盆。這是個年輕女性的遺體，她的照片別在了棺材上的花環，花環上則寫著「女兒」與「媽媽」——他們會將花環放在外頭的葡萄藤下，等到一周後再由大衛丟垃圾桶處理掉。

「這裡總是會有讓你難過的東西。」東尼說道，似乎因這次的火葬而哽咽。「這就是為什麼我和非常虔誠信教的人處不來，看到世界上發生這種事情、一些可惡的傢伙卻能活到九十歲，他們還怎麼能相信神的存在？我是不知道上帝存不存在，是不是在天上看著我們，但要是真有個上帝，那我真的不懂那個怪傢伙在想什麼。」

他連連搖頭，想像著那名年輕女性生前所受的痛苦，他操作火化爐三十年來還是頭一次看見這樣的畫面。（其他人也都沒見過，我問過病理學者、解剖病理學技術員、腫瘤學者與美國一間火葬場的職員，除了東尼以外沒人見過這種情形。這也許是因為英國的火化爐燃燒溫度相對低於美國的火化爐，而腫瘤學者則提出可能是組織鈣化造成的，但他們聽了也都一頭霧水。）

我想起先前採訪防腐師時，他說自己聽到朋友診斷出癌症的消息，都會推演到最極端的結局——死亡。那我呢？現在如果我身邊的人罹癌，我會不會想像火化爐裡的黑色珊瑚？從東尼的神情看來，那想必是難以忘懷的畫面，像是把死者連著殺死他或她的凶器一同入殮……感覺腫瘤應該先移除才對。作家克里斯多福・希鈞斯在描述後來導致他死亡的食道腫瘤時，將它比喻為「盲目、無情的外星生物」。他後來在去世後才出版的《死亡》一書中表示自己不該對無生命現象賦予生物的特質，不過在我看來，那句話用以形容不會燃燒、客觀與物理方面在宿主死後仍然留存的肉塊再貼切不過了。它的確盲目、無情，也與外星生物同樣陌生詭祕。

樓上一場喪禮即將結束，東尼開了擴音機讓我聽聽上面的聲音：主持喪儀的牧師唸著安葬詞，平穩語音與機械加溫的吼聲相互交融。八百五十度、八百五十二度。嗶聲響起，貝蒂・格雷躺在裝有可融塑膠把手的中密度纖維板棺材裡，乘著起重機從天而降。

CHAPTER 12

# 滿懷希望的死者

# **人體冷凍機構**

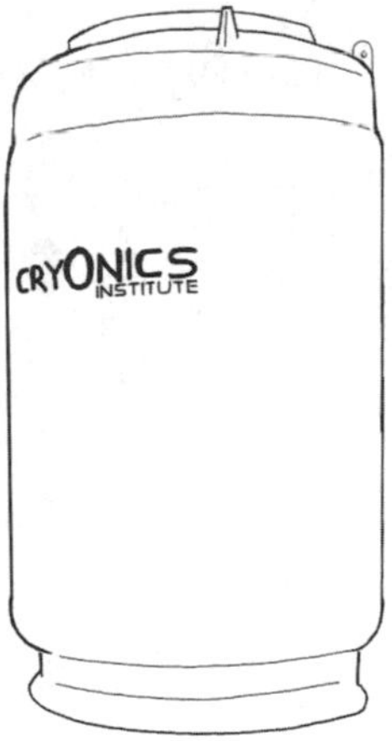

灌木叢林地上隨處可見破損的廢棄輪胎，除此之外還有一臺微波爐、一臺壞掉的電視，倒塌鐵絲網旁的雜草中探出了一根老舊天線。此時是天寒地凍的一月，樹木被燈光鮮明的背景一映，顯得像漆黑枯骨，這是因為新裝設的LED路燈照亮了其他事物，讓人從路邊的破敗與垃圾移開目光。一旦離開了餐廳與人煙所在的明亮街道，你便會陷入幾乎全黑的環境，彷彿走出了世界邊緣，彷彿遊戲設計師沒完成這一區塊的設定。車子停了下來，我們望向窗外又一幢廢棄房屋，屋子的窗戶如疲倦的眼睛般下垂，二樓欄杆開始積雪，屋頂則對著清楚看得見光害的天空大打哈欠。

底特律是（對未來較樂觀的人也許會說它「曾是」）逝去的美國夢所構築而成的城市。在輝煌的一九五〇年，它還是全美人口排名第四的城市，數不盡的人受蓬勃發展的汽車業與隨之而來的種種承諾吸引而來。那之後底特律便開始走下坡，成了美國內心腐朽的寫照：根深蒂固的種族歧視、貪汙腐敗、美國史上最誇張的一次市政府破產事件、富裕白人與其餘人之間的貧富鴻溝，整座城市展示出了資本主義的種種後果，令人印象深刻。光是一九六七年的暴亂就導致四十三人死亡、七千兩百三十一人被捕，以及四百一十二棟建築被毀，而這已經不是底特律第一次發生暴動了。富裕的中產階級離城市而去之後，稅收急遽下滑，廢棄建築繼續爛在那裡，而且數量只有增加沒有減少，每年萬聖節前夕都有多幢房屋被縱火犯焚毀。市民持續遷離，市長則試圖鼓勵留下來的人民往市中心搬遷，因為剩下那些人都住在空空蕩蕩的街區裡最後幾幢房屋，和最近的鄰居相隔甚遠。

我和克林特再次開著租來的破車在黑暗中找晚餐，瞪著窗外恐怖片導演約翰・卡本特電影場景般的畫面。一輛骯髒的黑色道奇Challenger從旁駛過，那是底特律過去作為汽車製造業大城遺留下來的標誌性車型，如今它行駛在凹凸不平、看似被地震蹂躪過的道路上，發出隆隆聲響。我們下定了決心，等我下回說服克林特開車載我到美國某個角落去採訪什麼人，一定要租一輛酷炫的車。

在一九九五年，喜歡每年拍攝同樣幾幢建築物、記錄事物腐化過程的智利攝影師——維爾加拉（Camilo José Vergara）提議紀念這座城市，讓底特律鬧區十二個街區逐漸崩毀，展現出我們讓一些事物死去與腐朽、讓其他的生命接管這一區的結果。仍住在當地的居民對這份提案相當不以為然，這可是一座仍然活著、亟需救助的城市，而不是紀念死亡的藝術品。如今，汽車城賭場飯店矗立在黑暗中，繽紛霓虹光在外牆潑灑綠、紅、紫、黃光帶，而距此僅僅一個街區處，遊民群聚在點了火的垃圾桶邊取暖。一度恢宏的摩天樓成了壯觀的廢墟，後來被拆除後設置了停車場，或者只剩下一片片空地，舊辦公大樓的骨架在清除鳥類與植物之後，改建成了旅館。儘管這座城市某些地方似乎默默接受了自己的死亡，它卻仍存有某種令人心碎的希望。

在一九六〇年代早期，世人心中懷著一種不同的希望。當時《告示牌》熱門歌曲榜上滿是「摩城唱片」的曲子，這家唱片公司也還未棄底特律而去。在地圖上將鏡頭拉遠，當時阿姆斯壯仍未踏上月球，但感覺月球已經觸手可及了。再將鏡頭拉回底特律，當時一位名為羅伯特·埃丁格（Robert Ettinger）的物理老師和其他四十多歲的人一樣，逐漸意識到自己將在未來某一天死亡，於是他寫了本書談論永遠存活的方法。那本書名為《永生觀念》，他因這部作品成了一時的名人，甚至和當紅女星一起上了名嘴主持的《今夜秀》。

那本書並沒有承諾或保證任何人能得永生，它就如標題所言，是個單純的觀念。埃丁格在書中提出了一種想法：死亡不過是種疾病，而且不必然致命。他當初自費出版了這部宣傳性質的著作，相信只要讓特定一些人看見這樣的想法，就能以星火燎原之勢發起一場運動。他提議在人死亡的瞬間冰凍他們，防止身體腐爛，直到未來科學足夠進步，能夠扭轉造成死亡的傷害、讓他們死而復生之時再解凍身體。這本書花了不少時間談論冰凍的科學原理，沒怎麼著墨扭轉死亡的部分，不過這就是埃丁格心中的希望：他希望未來會有別人解決這些問題——在那高科技未來，思想遠比我們遠大的未來人想必能解決死亡問題。

科學發現的進程很快，光是埃丁格在世那數十年，人類便從蒸汽火車進步到了太空旅行，他當然相信科技會在未來持續高速進步。第一個提出死亡並非永久狀態的人並不是埃丁格——早在數千年前便有許多宗教提出了復活之說，就連班傑明・富蘭克林也在一七七三年提出了類似的想法，希望能將死者泡入馬得拉葡萄酒或用其他方式對屍體進行防腐處理，以便在百年後讓那人復甦、觀察美國百年後的狀態。儘管如此，除了小說家以外，最先認真看待此觀念並提出實務科學方法的人就是埃丁格。他最初見識到類似的想法就是在十二歲那年讀的一部短篇故事，那是尼爾・R・瓊斯（Neil R. Jones）於一九三一年出版的《傑姆森衛星》：故事中，一位教授要求自己死後將遺體送入繞地球公轉的軌道，遺體在太空寒冷的真空中恆久保存了下來，直到數百萬年後被機械人喚醒。

「唯有半死的人才會擁抱死亡。」閱讀那篇故事的數十年後，埃丁格在令他一夕成名的書中寫道：「選擇投降的人早已走上了撤退之路。」

我之所以來到底特律，就是為了見埃丁格一面。他冰凍的遺體像蝙蝠一樣頭下腳上掛在「低溫恆溫器」裡，就位於一棟低矮的米色建築裡。我來底特律這幾天，北極氣旋籠罩整個密西根州，我躺在埃丁格南方二十分鐘車程一間沒有暖氣的旅館裡，橫向凍結在床上。埃丁格身旁幾個低溫缸裡，掛著他第一任太太、第二任太太，以及「人體冷凍機構」的第一個病人：他母親莉亞。

＊＊＊

人體冷凍機構會長丹尼斯・科瓦斯基搞了老半天，還是沒能搞定他的Skype設定。「反正你也不用看到我這張醜臉。」他笑著說。從他們的網站上看來，他大約五十歲，擁有一頭深色頭髮，還留了濃密的黑色小鬍子。

「這有點好笑耶，你冀望未來科技讓你的遺體死而復生，但現在的科技卻連視訊通話也頻頻出問題。」我一面說一面向後靠坐，已經放棄調整設定了。

「我一直都很樂觀嘛。」只顯示我一張臉的電腦裡，傳出對方的聲音。

我這次採訪丹尼斯，是為了了解一個人相信「死亡並非終點」是什麼感覺，以及他們為什麼窮盡此生試圖獲得第二次生命——在我看來，這完全是浪費了第一次生命。人體冷凍提倡者往往被描寫成異想天開的瘋子，成為他人的笑柄，《飛出個未來》裡的弗萊與《王牌大賤諜》裡的奧斯汀・鮑爾斯都是在冷凍艙裡甦醒過來，面對了他們無法理解的未來世界，伍迪・艾倫在《傻瓜大鬧科學城》中的角色則駭然發現自己的朋友雖只吃有機米飯，卻還是在兩百年前就死光了。

正因為大眾文化中這些故事，大家才會混淆「低溫物理學」（cryogenics）與「人體冷凍技術」（cryonics）——前者是物理學的一個分支，專門探討造就極低溫的方法以及低溫造成的影響，後者則是保存屍體以便在未來復甦的技術。雙方都不喜歡和另一方扯上關係，也不喜歡被混淆。

我讀過埃丁格的書，裡頭寫了些稀奇古怪的想法——主要和女人有關，還有處置多名未結凍妻子的方法——到了最末，他完全被自己說服、完全信了人體冷凍的可行性，甚至確信「只有少數古怪之人才會堅持保有腐爛的權利」。話雖如此，《永生觀念》整體而言十分樂觀，且提出了不少疑問。讀完書之後，我很好奇現實世界中事先預約人體冷凍服務的都是些什麼人，我撥了通電話過去，結果電話另一頭的人感覺就是個和善的書痴。

人體冷凍機構從一九七六年營運至今，到丹尼斯沒能搞定Skype的這一天為止，會員共有約兩千人，目前已有一百七十三人被冷凍保存了。他說報名這項計畫的人並沒有單一「類型」，沒有特定宗教或政治傾向，但硬要描述多數人的分類的話，可能主要是男性，不可知論者與自由意志主義者多一些。人體冷凍機構的會員偏向富裕族群，不過他們的冷凍服務僅要價兩萬八千美元，許多人都能用壽險支付這筆費用，所以也有些較窮的會員。（舉例而言，位於亞利桑那州的「阿爾科生命延續基金會」的服務價碼就是二十萬美元，比人體冷凍機構高得多。）埃丁格十分重視低價這一點，他在書中表示不希望自己想像中的未來太過昂貴，以致成為「優生學篩網」。

我對丹尼斯提出自己的理論：人體冷凍技術經常和超人類主義運動混為一談，而超人類主義者似乎大多是男性，我認為這是因為女人會較早見證自己身體衰敗的跡象，而且這之中每一個階段都可預測，再加上女性和血液與生產的關係較緊密，她們也許較能夠接受死亡也因此較不畏懼死亡——這或許也能解釋現今殯葬業為何女性工作者較多。丹尼斯無法給出肯定的答案，只說可能是吧，他告訴我，人體冷凍的重點並不是對死亡的畏懼。

根據我的觀察，年輕科幻迷通常一開始會相信烏托邦式未來，只有在後來見識到現實世界的殘酷之後，反烏托邦想法才會在他們腦中扎根。孩子在把玩火箭模型時，總認為未來一切都會變得更好，因為他們還沒理由相信未來會走下坡。在一九七〇年代中期，丹尼斯七、八歲仍處於烏托邦泡泡之中時，看了脫口秀《菲爾・唐納修秀》的其中一集。曾為電視維修師傅的鮑勃・奈森（Bob Nelson）上節目談論人體冷凍背後的科學原理，並表示自己在一九六七年便冷凍了第一個人類。

奈森是埃丁格的書迷，也是美國幾個新興人體冷凍團體之一的領袖人物，這些人試圖將埃丁格的理論化為現實、發揚光大。

那一次節目訪談並沒有完全說服丹尼斯，而作為人體冷凍運動的代言人，奈森也沒有提及這場運動進行得多麼失敗，最後他本人完全放棄了保存那些遺體的想法。儘管如此，奈森還是在丹尼斯心中種下了小小的種子。

「後來，我十六、七歲時常讀《Omni》雜誌，他們會把一些很深奧的科幻哲學用平易近人的方式寫出來。」丹尼斯說道：「有一篇文章是在講分子奈米科技和生命的逆向工程，那就是我的藍圖。」

丹尼斯從二十年前便成了人體冷凍機構的會員，在這個民主經營的非營利組織當了六年會長，不過這並非他的全職工作，除了經營人體冷凍機構以外，他還在密爾瓦基市當急救人員。「我常常跟人開玩笑說，我白天都在救護車上救人命，晚上就在開往未來『可能存在的醫院』的救護車上工作。」他說道：「這兩臺救護車都一樣，沒有人能保證開到醫院以後你一定會得救。」

在和丹尼斯交談以前，我以為他現在已是人體冷凍運動的代言人，應該會對這個理念信心十足才對，沒想到他一再表示沒有人知道這是不是百分之百能成功，但重點是，也沒有人知道這是不是百分之百會失敗。「誰跟你說人體冷凍技術絕對能成功，那個人就一定不是科學家。誰跟你說這絕對不會成功，那個人也一定不是科學家。」他說：「我們只能用科學方法去找答案，所以就要做實驗。我們基本上都在做人體冷凍的大型實驗，這都是自費的，沒有拿聯邦政府的經費，也沒有外力資助。被土葬或是火葬的人都算是控制組，至於我呢，比起控制組我寧可加入實驗組。」

話雖如此，他還是提出了一個小故事作為證據，表示人體冷凍並沒有表面上看來這般荒唐，其實未來還是有機會成功的。他表示「低溫療法」（therapeutic hypothermia）的概念和人體冷凍相同：在病人心衰竭後，醫師可能會降低病人體溫、減緩身體機能的運轉，暫時減少大腦對於養分與氧氣的需求，因為若不滿足大腦的需求，病人也許永遠不會恢復意識。在《氣候緊急時代來了》一書中，作者華勒斯—威爾斯列舉了近年來復生的幾隻生物：二〇〇五年是一隻三萬兩千歲的細菌、二〇〇七年是一隻八百萬歲的蟲子，二〇一八年則是一隻在凍土裡冰封了四萬兩千年的蠕蟲。《紐約時報》一篇報導寫道，二〇一九年有研究者取出了三十二隻死豬的頭腦，成功使其中幾顆頭腦恢復細胞活性。「近年這類的新聞越來越多了，雖然進步得不快，但還是一步一步印證了人體冷凍的邏輯。」丹尼斯說：「而且就算人體冷凍沒有用，我們還是證明了什麼事情『不』可行，推進了科學發展。我們在其他領域也有貢獻：我們投入不少資金研究器官冷凍保存，因為這不但對需要器官捐贈的人有幫助，也讓我們離全身的冷凍保存更近了一步。」

丹尼斯表示他不想預言未來，也不想將人體冷凍技術當宗教推廣，那只會引人反感。他說最困難的部分是，許多人很難理解死後復甦的觀念——但我們現在其實就有這種技術了，只不過這裡「死亡」的定義不太一樣而已。

「如果在一百年前，你的心臟一停，你就完了，就死掉了。可是我們現在常讓人『死而復甦』，用電擊器讓人恢復心跳、對人使用心肺復甦術，也會給人心臟病藥物。這些人有的能豎著離開醫院，但也有很多人沒能活下來。電擊聽起來很像《科學怪人》裡的劇情，不過這其實是醫療急救的一大重點，我們要是一直認定死人不可能復活，怎麼可能有今天的進步呢？」

我一向認為和烏托邦科幻相比，反烏托邦科幻故事較真實，也許這都和我質疑神父關於上帝與燈泡之說那一刻有關，也許我除了懷疑上帝能否影響機械的同時也對機器人（與神職人員）產生了懷疑。在我看來，美國作家麥卡錫的小說《長路》中殘酷荒蕪較貼近可能的未來，不然就是光鮮烏托邦表象下藏著醜惡面的故事，例如《攔截時空禁區》電影中人類活到三十歲性命便會結束（原著小說的劇情更誇張，大家活到「高齡」二十一歲生命就結束了），還有科幻大師菲利普・K・

狄克的所有作品。

每當我看到新聞上的死亡預測曲線，以及地球上的種種破壞，內心便會陷入絕望，我真無法想像看完這些消息還能保持樂觀是什麼感受。然而，丹尼斯一直沒走到我這般悲觀、反烏托邦的這一步，他仍滿懷希望地相信世界可能迎向烏托邦未來，有美好的事物等著我們死後復生來體驗與欣賞。他不僅相信自己可能永生不死，還相信不死會是個好選擇。

「你聽了可能會覺得我是那種不願意面對死亡的人，非得想些荒唐的辦法逃避死亡不可。」電腦裡沒有影像的語音說道。「但我是急救人員，我看過決定不做急救的人，他們的家人都激動地叫我們想想辦法，那個人明明不想被救回來了，家屬卻哭喊著要我們把那人拉回來過痛苦的生活，『這』才是否定死亡的最極端案例。你必須了解死亡才行。」

＊＊＊

想出這項屍體復生計畫的頭腦，如今仍在羅伯特．埃丁格頭骨之中，懸在接近冷凍艙底部的位置。之所以將屍體頭下腳上吊著，是因為假使液態氮外洩，他們希望最重要的頭部能最後解凍。未來要長新的腳趾可能很容易，不過要長出大腦——長出你這個人的藍圖——那就不簡單了。

那幢建築物外頭，埃丁格的鄰居包括一家門戶保全系統店、一家燈飾店總部、一家修車廠，以及傳導加熱服務站，周遭則是修剪整齊的草皮與偶爾一棵冬季掉光了樹葉的樹木。我在白雪紛飛的日子上午十點鐘來到人體冷凍機構，一名穿著蓬鬆大外套的男人隔著玻璃門揮了揮手套。

在搬到現址之前，人體冷凍機構本在離底特律較近的地點，但後來空間不夠用了。他們不打算再次搬遷，已經在此冷凍保存的所有人都會留在原處，之後如果人口增加，他們會再買下附近幾幢建築。目前這棟建築幾乎全滿，他們已經買下了和他們相隔一戶的另一幢建築，等著裝設與佈置好之後迎接未來的冷凍人。

二十七歲的希拉蕊身穿紫色帽T、牛仔褲與Ugg靴，今天的設施導覽將由她負責。丹尼斯主要都遠端工作，平時保存屍體的實務工作都是由現場的三名員工負責。除了希拉蕊以外，現場還有剛才戴著手套對我們揮手的麥克，他是希拉蕊的爸爸，當初就是女兒幫他找到了這份工作，他負責這裡所有維修工作。除此之外，還有剃光頭、戴眼鏡、穿著綠棉T的安迪。這裡的日常工作，例如幫病人登記資料以及管理會員資料庫，都是由希拉蕊或安迪完成，在希拉蕊來之前那段時期這些工作則是安迪一手包辦。

希拉蕊擁有一頭及肩棕髮，五官十分精緻，雖然個子非常嬌小，過去三年來主要都是由她接收與保存遺體。我將包包放進他們辦公室，她領著我進到一間房間，這裡讓我聯想到先前在倫敦參觀過的防腐室，只不過房裡空了一些、整齊了一些。希拉蕊本人也是受過正規訓練的防腐師，負責完成遺體的「灌注」工作，那之後遺體才會倒吊在個別的冷凍艙裡。（灌注並不是人體冷凍技術的專有名詞，而是泛指血液或血液替代物流遍器官、組織中血管或其他自然通道的過程。舉例而言，化療藥物可以以灌注方式進入人體，防腐也是透過灌注將防腐液輸入遺體。人體冷凍機構不將這個過程稱為「防腐」，因為他們灌注的是與防腐液截然不同的液體。）房間中央擺著一張白瓷桌，桌緣稍高，防止液體流到地面，周圍則有搬動遺體與擺放輪床的空間，還有好幾個整齊收納了各種器材的櫥櫃。希拉蕊走到房間一角，一手搭著輪床上一個防水布浴盆，裡頭躺了半個CPR人偶。她對我解釋遺體低溫穩定並送至設施的方法：近期死去的人會先泡入攜帶式冰浴，由心肺復甦器代為保持呼吸與血液流動。遺體泡在冰水中時，心肺復甦器會讓血液持續在體內循環，利用人體本身的泵與循環系統加速身體冷卻。機器本身看上去像懸在胸部上方的馬桶通水器。「我們還會用氧氣罩，確保他們的血液裡有氧氣。」她指著假人的臉說道：「我們會盡量確保他們的細胞存活下來。」

如果你在美國境內死亡，那就必須在七十二小時內送達人體冷凍機構，才能進行灌注工作——超過七十二小時以後，「順利」灌注的機會就低了不少。人體冷凍機構在網站上記錄並公開了每一個病人的狀態，其中許多完全沒有灌注就直接冷凍了。為了將準時送達人體冷凍機構的機率最大化，你可以花六萬到十萬兩千美元購買「生命暫停公司」的服務（實際價格取決於你購買的方案），請他們在你臨終前來等候——死亡到冰浴之間浪費的每一分、每一秒都會影響下一階段的成功率，因為身體任何的衰退都會降低心血管系統輸送溶液的能力。在你確認死亡之時，生命暫停公司的人就會將你浸入冰浴、啟動心肺復甦器，將你帶到這裡。或者你可以跳過這一步驟，花不到一萬美元請當地禮儀師將遺體送到希拉蕊這邊。

在英國死亡的人，會在當地由在人體冷凍機構受過訓練的防腐師進行灌注，最後送至美國長期保存。（在倫敦那間防腐室工作的凱文・辛克萊就是受過冷凍保存訓練的防腐師，他說他想到數百年後這些人又會活起來、又會到處走動，就覺得很神奇。我問他是否相信這些人真能死而復生，他只揚起一邊眉毛，對我說一句：「不予置評。」）你還可以請人體冷凍機構把你的寵物也冷凍保存起來——貓狗、鳥類、蜥蜴，只要是你想帶到未來世界的寵物都可以。這些動物在灌注時往往較順利，因為外科獸醫院就在這條街的轉角，寵物可以安樂死之後直接送來，那時牠們身體仍有暖意、血液也還來不及沉澱或凝固。考慮到上述因素，無論是希拉蕊或丹尼斯都認為人類安樂死也應合法化，不過人體冷凍機構並沒有正式參與相關討論，目前也不收因任何手法自殺死亡的人——他們不希望可能存在於未來的美好生命，成為你結束目前這段生命的原因。

水槽邊擺了約十六瓶透明液體，用以取代鮭粉色防腐液，而調製這透明液體就是希拉蕊的職責之一。「它能預防冷凍造成的傷害。」她一面說，一面帶著歉意舉起其中一瓶，彷彿為溶液平凡的外表感到抱歉。我數周前透過Skype聽丹尼斯描述過這種液體，它名叫「CI-VM-1」（CI Vitrification Mixture One，人體冷凍機構一號玻璃化液）。根據丹尼斯的說法，他們從前會「直接冷凍」人，遺體送來後直接降至液態氮的溫度，其實現在還是會有錯過灌注窗口的人被直接冷凍。不過他們發現，細胞內的水結冰時會造成細胞破裂，而身體外部較內部結凍較快時，冰晶會在組織空隙形成，導致間隙損傷。

於是人體冷凍機構聘請了冷凍生物學者，研究出能冰凍人體但保持細胞完好的液體，這種生物用防凍劑的靈感取自動物界，有一種生存在北極的青蛙冬季會全身結凍，春季解凍時心臟會恢復跳動、肺也會開始呼吸。冬季氣溫下降時，青蛙血液中一些特殊的蛋白質會抽乾細胞內水分，肝臟則會釋放大量葡萄糖撐起細胞膜。人類體內並沒有這些蛋白質，我們的組織會凍傷壞死，細胞也會破裂、崩解，所以才試圖用防凍劑避免細胞遭破壞。至於已經直接冷凍的病人，人體冷凍機構希望未來的人類能想到解決細胞破壞問題的方法。對他們提出問題時，大部分的回答都是希望未來人能找到解決方法。

在將液體注入人體時，他們會用到平時在心臟手術中使用的機器，以機械方式重新使心肌動起來，作為泵將化學藥劑送入循環系統、流遍全身。希拉蕊告訴我，這比我先前在倫敦看過的傳統防腐方法來得精確，因為他們能較輕鬆地控制壓力。他們會將心率控制在每分鐘一百二十次心跳，放在健康的成年人身上就是中強度運動時的心率，如此一來液體才不會流得太快、傷害到血管。雖然人體冷凍的灌注原理和防腐處理相似，這時候的目的就不是使遺體顯得豐滿、為肉體補充水分或改變膚色讓人栩栩如生，他們也不會像解剖學校的大體老師一樣被過度防腐，以致肉體浮腫。在這裡，液體吸出細胞內的水分，使整具遺體脫水，希拉蕊說他們看起來會像古銅色的木乃伊，像葡萄皺縮成了葡萄乾。

灌注完畢後，遺體會被推到同一條走廊上一間電腦控制的冷卻室，被裹上裹屍布與類似睡袋的隔熱材料，並綁在一塊白色背板上，每個人身上都掛三個身分標籤，然後躺著放在類似大型冷凍庫底層的帆布床上。接下來五天半時間內，遺體會被逐步降溫，由電腦控制的冷凍庫會在預設時間往遺體噴灑液態氮，最後降至液態氮的溫度——攝氏零下一百九十六度。一臺與機器連線的筆記型電腦會監督與記錄這段過程，還有備用電池以免停電，外頭無論發生什麼事都不會影響躺在裡頭降溫的人。降溫結束後，工作人員會用和天花板鋼製滑槽相連的繩索與鏈條將背板連著人一起提起來，頭下腳上裝入二十八個低溫恆溫器之一，也就是我們走出灌注室時，旁邊高大的白色圓柱體。

希拉蕊在一個大型長方體容器旁停下腳步，這東西看上去像是手工製造，高度將近六英尺，外層有一些類似格子鬆餅的凹處，還有幾道早已乾硬的白色顏料。她告訴我，這些是最早期的低溫恆溫器，都是安迪用玻璃纖維強化塑膠與樹脂手工拼組而成的。安迪就是我剛才在辦公室短暫見過一面的男人，他從一九八五年就在人體冷凍機構工作了，第一個病人被冷凍保存時他也在場。「你應該可以想見，這些很貴，造起來也很費時，所以後來就改用這種圓筒缸了。」她一面說，一面抬頭看著她所謂巨大的保溫瓶。這些保冷缸完全不需要電力降溫，而是完全由內容物保冷：缸裡可以裝多達六名病人，裡頭有個較小的圓筒、珍珠岩隔熱材料，以及兩英尺厚的泡棉材質大塞子。希拉蕊每周會爬上一道黑鋼梯，花四個小時走在金屬過道上，拿著連接到天花板管線的水管、透過每個保冷缸蓋上的小孔添加液態氮，將上周蒸發的量補充回去。

我們走在圓筒缸旁，每一缸都長得一模一樣，不見任何人的姓名。希拉蕊指向其中一個低溫恆溫器，只見底部排了五顆小石頭。「這裡頭有某個猶太家庭的狗。」她說：「牠叫溫斯頓，以前是他們的工作犬。他們就住在附近，每幾個月會來探望牠一次。」傳統上，猶太人每次到親友的墓前就會放一顆小石子在地上，我聽一位拉比說過，這是因為石頭不會像鮮花一樣枯萎。對他們而言，石頭象徵了記憶的永久性，即使事物在世界上的時間結束了，還是能存續下去。

雖然不常見，但也有人將人體冷凍機構視為墓園，有些人會帶石子來，還有人帶生日賀卡。你愛來幾次都沒問題，只不過這裡擺的不是刻了姓名的墓碑，而是上頭有標誌的白筒缸。「你如果是在殯儀館工作，那辦完一個人的喪事以後就不會再見到他了。可是在這裡，我們天天都和他們待在一起。」希拉蕊說道：「同樣幾個家屬會每年回來看親人，我們也是持續不斷地照顧這些人。」

又往前走了幾個圓筒缸的距離，希拉蕊停下腳步，抬頭看向左手邊又一個白色圓筒缸，它就和這裡其他筒缸長得一模一樣。「我們這裡有個來自英國的女孩子。」這名少女上過新聞：她死時年僅十四歲，因為太年輕所以沒有立遺囑，不過她生前曾致信英格蘭高等法院，表示自己死後遺體要冷凍保存起來。她知道自己即將因癌症病逝，而她先前在網路上查到了人體冷凍相關的資料，希望未來有治癒癌症的機會。那時記者們爬牆想拍攝人體冷凍機構內部的照片，還頻頻撥電話與按門鈴想採訪希拉蕊，希拉蕊只能在室內躲到記者都離開為止。

羅伯特．埃丁格在二〇一一年去世，享耆壽九十二歲，他的遺體就在會議室門邊的筒缸裡。他是人體冷凍機構的第一百零六名病人，嚥氣過後不到一分鐘遺體便被浸入冰浴，灌注工作是由安迪完成的。儘管當初發起整場運動的就是埃丁格的書，這裡卻完全不見相關的說明，除了一張照片以外，牆上沒有掛任何和他有關的東西。離他遺體十英尺的長型會議桌一頭，牆上掛著一張印在帆布上的黑白相片，照片中的埃丁格穿西裝打領帶，身為教師的他站在黑板前，身後是用粉筆草草書寫的代數方程式。照片上的引文寫道：「運氣好的話，我們將能嚐到數百年後的美酒。」

這裡雖然有數學與科學，卻不是炫目之用，其中也不含任何的肯定句——這一切都不過是縹緲的「可能性」罷了。牆上沒有霓虹燈，也沒有保證你能永生不死——這間會議室就和其他地方的會議室長得大同小異，看上去並沒有特別高科技，頂多是多放了幾句英國科幻大師亞瑟．克拉克的勵志引語：「只要是足夠進步的科技，就和魔法顯得毫無二致。」這裡的燈光明亮一些，室內盆栽比較沒有喪葬氛圍，桌上與沙發扶手上也沒有放衛生紙盒。他們盡量將這裡佈置成了充滿希望的所在。

在加入會員、做死後冷凍遺體的決定前，大家會被帶入這間會議室，他們可以盡情發問，大部分問題都是由希拉蕊回答。我們坐下來看了紀念影片，長桌另一頭的大螢幕開始播放動物照片，牠們是這裡冰凍的一百五十五隻寵物當中幾隻。我看見工作犬溫斯頓，牠是隻毛茸茸的黑貴賓，耳朵像兩大叢鬈毛一樣掛在臉邊。天使、索爾、霧霧、暗影、兔兔、羅加。一隻黑色拉布拉多出現在螢幕上，我在照片消失前注意到牠腳爪塗了紅色指甲油。除了動物以外，還有人類：老人、年輕人，還有埃德加．史旺（Edgar W. Swank），他是全球最老人體冷凍組織——美國人體冷凍協會的會長，也是最後一個仍在世的創辦人，他戴著只有科幻小說家照片中才會出現的眼鏡。這麼多面帶微笑的年輕女人，不會都是死於無藥可治的癌症吧？其中還有個香港女士。只要是希拉蕊來這裡工作後送來的客戶，她都記得，她還在照片出現時對我指出她認得的那幾個。「她死時很年輕，好像是發生了什麼事故吧。琳達也很年輕，是癌症。他是最近來的——死於心臟病。」

人體冷凍機構目前為止最忙碌的一段時期是二〇一八年，那年共有十六名病人冰入低溫恆溫器，其中很多是在本人去世後才由家屬幫他們加入會員的，希拉蕊認為這應該是人體冷凍相關消息傳播出去的跡象。大部分新會員都比較年輕，也許只有二、三十歲。「我覺得，我們這個年齡層的人很看好人體冷凍科技。」她說道。我問她，這真的代表我們相信人體冷凍技術嗎，還是和人類對死亡的恐懼較有關係？

「可能兩個都有吧。不過我覺得，大部分時候他們就只是想延長自己的生命，然後他們也認為冷凍科技有機會做到這件事。很少會有人說他們怕死，說自己是因為怕死才做這些，但這應該也是一部分原因吧。我不覺得有任何人真心想死。」

我以為天天在這裡工作與冷凍死者的人應該也會報名成為他們的一員，沒想到希拉蕊目前為止並沒有加入會員。「我不是沒見識到這些科技，也不是不相信它，我是真的相信。這對我來說就是個人的選擇，我不知道自己會不會想再回來。」她用就事論事的語調說道，不夾雜傷感。「應該說，人生很難，我們從頭到尾都在掙扎。」她的家人對人體冷凍沒有興趣，她不想回到一個沒有家人的世界。希拉蕊之前在殯葬學院認識了丈夫，丈夫的家族經營當地六間殯儀館，她自己也在他們的殯儀館工作過一段時間，才來人體冷凍機構上班。她丈夫向來將死亡視為必然，也不認為自己有改變生死的必要。聽到此處我不禁好奇，希拉蕊自己是從何時開始將死亡視為必然的呢？

「我十四歲那年，媽媽生病了。」她說：「我是在那時候認知到現實的，因為她得了腦癌，我們知道她一定會死。我在那段時間匆匆忙忙長大了。」一兩年後，希拉蕊的母親去世，喪禮上根據遺囑蓋上了棺蓋，因為母親不希望人們看見她移除了部分頭骨的頭部、類固醇藥物導致的體重增加，總之她不希望別人看見她不像自己的模樣。「我懂她的想法，可是我自己覺得很不安。我當時坐在那裡盯著棺材，滿腦子在想：他們真的把媽媽放進去了嗎？他們對她做了什麼？」這雖是希拉蕊的故事，卻感覺和我的經歷十分相像。在我的故事中，我年僅十二歲，躺在棺材裡的人是我朋友，不過場面和希拉蕊的故事差不多。不知有多少人——尤其是仍不懂事的小孩子，曾像我們一樣坐在教堂裡、盯著緊閉的棺蓋，腦中想著一模一樣的想法呢？

希拉蕊現在有點懷念殯葬業的遺體防腐工作，特別是為了家屬而努力讓死者恢復正常樣貌的部分，例如重新讓罹癌死者萎縮的身軀豐滿起來、讓蒼白的面頰恢復血色。之所以懷念從前，是因為對希拉蕊而言，這一切的目的都是照顧他人。她自己當過病人的家屬，了解這之中的疲勞與痛苦，也從自身經驗學到了殯葬業者可以改進的部分。她從前讀過護理學院，結果發現病人有時會脾氣不佳。她改讀殯葬學院，後來到殯儀館工作，發現自己非常喜歡這份工作的所有面向——只有在生者面前說話這部分除外。希拉蕊生性害羞、文靜，偏好在工作室裡和遺體獨處，而在人體冷凍機構，她做的正是這種工作。

她的語音又流露出歉意，彷彿認為自己該因人類生命延續下去的可能性而雀躍不已。「能參加這場運動，我覺得很開心。」她說道。會議桌另一頭的螢幕上，持續閃過一張張臉。「我感覺自己在做好事。我們還沒辦法確定這到底能不能成功，但我感覺自己幫助別人得到了未來復活的機會。」

不瞞你說，我原先以為自己來到人體冷凍機構，會遇到一群瘋子。我花了不少時間和死亡工作者相處，這些人從不質疑死亡的定局，他們在自然範圍內盡量減輕大家對死亡的恐懼，或展現出它的價值與意義。相較於他們，我還以為這裡的人會確信自己能在未來死而復生，也確信這會是件好事。我還以為自己得擺出記者的撲克臉，強忍著翻白眼的衝動，聽他們宣稱死亡是可以擊敗的敵人、你的親友並沒有真正死去所以你不必悲傷。然而，將低溫恆溫器當作墳墓、來機構探視亡故親屬的人，當然深深了解悲傷的感受了。相信對一些人而言，「人體冷凍」概念是潛意識否定死亡的實際表現，再荒謬不過，但對其他人而言，這並不是對死亡的否定，而是讓希望的星光在絕望黑夜中閃爍。

希拉蕊花過不少時間思考死亡，甚至聚焦在永生的孤獨——如果你愛的人都已經離開世界了，還有什麼值得你回到這世上的理由嗎？也有人像丹尼斯一樣，謹慎之餘仍抱持樂觀態度，他小心下注，比起控制組更想當實驗組的病人，但他也接受這一切最終都可能失敗的事實。這個機構當初之所以成立，是因為有人相信人類能在未來扭轉生命最根本的現實，而我萬萬沒想到這裡的人會考慮得如此之多，也對生者、死者懷有深深的同情。我來這裡，是為了探究一個人相信自己不會死，永遠不必和我先前見過的死亡工作者見面會是什麼感覺，結果卻沒找到答案。

說到底，我認為人體冷凍技術是否有用可能不重要，畢竟考慮到氣候變遷，人類繼續生存在這顆星球上的機會越來越渺茫，我們可能永遠不會有機會得知人體冷凍實驗的最終結果了。我個人不認為人體冷凍能成功，而且即使可行，我也不認為那會是好的選擇。作家童妮・摩里森曾寫道，任何事物死而復生都會造成莫大的痛苦；我相信她說得沒錯。生命的意義源自它必然的終結，我們是時間洪流中轉瞬即逝的存在，生命過程中和其他人接觸碰撞，而那些人也都是原子與能量奇蹟般的組合，恰巧與我們同時存在世上。即使在最理想的情況下，你死後復生時也可能會深深懷念自己無法回歸的時代與地點、已經不復存在的時代與地點，產生永遠不可能消弭的鄉愁。話雖如此，這場實驗若不傷害任何人，若能幫助這些人生活、幫助他們面對死亡，那依我看，我們並沒有理由阻止他們做實驗，也沒理由嘲諷他們。我欣賞他們的樂觀態度，但自己並不樂觀。我們每個人都只能盡己所能過活，而這些人仰賴的就是臨終前這首美好的搖籃曲。

隔天，當我的班機飛離底特律都會機場（也就是接收即將冷凍保存的遺體的機場），我低頭看向地面上的冰雪。人體冷凍機構就在下方某處，那裡一年到頭、一天二十四小時都有人待命，準備接收滿懷希望的死者。也許希拉蕊正走在過道上，替他們填補保冷缸中的液態氮——缸中的人將希望寄託在時時有人死去、也時時有新人加入的會員群體，希望仍在世的會員能在他們沉睡時替他們爭取權益，也希望自己終有一日能再次甦醒。從天上俯瞰地面，白雪突顯了底特律一幢幢死去已久的房屋，乍看下宛若樹皮拓印，餘下的房屋則獨立在霜雪與幽魂之中。

# 後記

此時此刻，我坐在南威爾斯一間可以眺望桑德斯福特灣的酒吧裡採訪安東尼・馬蒂克前探長，聽他說些過去偵辦謀殺案的故事。儘管酒吧露臺能眺望夕陽與海水相輝映的美景，旁人聽見馬蒂克用宏亮的男中音邊笑邊對我說話，還是紛紛離開了露臺。他對我說著從前的工作，說到自己結束警察工作的原因：他有次騎腳踏車時整個人被一臺十八・五公噸的卡車撞飛，摔在五十碼遠的路面。他當時被直升機送往卡地夫市一間醫院，還在手術臺上死了兩回。「我被壓扁，被撞成了碎片！」他聲若洪鐘地說道：「我的骨盆整個炸開了。」他現在已經退休七年，也在數年前恢復了行走能力。他每一句話有百分之七十五是言語，百分之二十五則是卡通般的誇張表情——無論主題是自己的瀕死經驗或偵辦命案都一樣。

退休前，馬蒂克花了三十年偵辦各種重罪案，之前就是他所在的團隊偵破了彭布羅克郡連續殺人懸案，使約翰・庫珀在二〇一一年因一九八〇年代兩起二人謀殺案被定罪。馬蒂克深愛自己從前的工作，也愛參與事件的核心調查，他過去和麥奧合作處理過空難現場，在山上撿拾死者的斷腳與斷頭，近年甚至加入了肯揚公司的災難應對團隊。「我愛的不是那種……血腥。」他皺起眉頭說道：「之前有個傢伙，他是我長官，人很好相處，有很濃的卡馬森口音……他都會對滿房的警探說——這是他從倫敦警察廳某個前輩那裡學來的一句話——沒有比調查另一個人類之死更高的殊榮了。這可是不得了的一句話，真的很了不起。做那種工作的時候，你就是會在調查過程中扮演小小的角色，有人把這份責任交給了『你』。」

我們離開酒吧，試著在這一帶尋找晚間九點鐘仍在營業的餐廳。鄰近小鎮上唯一一間營業中的餐廳，是位於一條小巷的中國餐館，點了菜後他對我說起自己印象深刻的幾樁案件。馬蒂克現在比方才在露臺上酒吧裡安靜許多，我們等春捲上桌的同時，他挖出了這些僅僅淺埋在腦中的陳年回憶。

聖誕節當日，三個月大的死嬰。馬蒂克在聖誕節一早出了門，前往案發現場——荒郊野外路邊的一間小屋。「那是一對很親切的男女，他們從好幾年前就一直試著生小孩，這次好不容易才成功。」他神情痛苦地說道：「可是這種時候，你就是得向嬰兒的爸媽問話，你就是得做筆錄。你必須讓他們安心，同時卻得問他們這些問題，像是把他們當犯人看待一樣。」這是我在醫院太平間沒看到的面向，還記得當時有兩名警察在旁觀驗屍解剖，蘿拉也說過，只有在排除其他所有可能性之後，才會判斷嬰兒是死於嬰兒猝死症候群。時至今日，馬蒂克每每聞到聖誕節的氣味——烤火雞、聖誕樹、聖誕花禮炮廉價的塑膠與隱隱火藥味，仍會回想起那一天的情景，想起自己將嬰兒與嬰兒床帶走時，孩子父母的哭喊聲。

另一樁案件：一對溺水的父子，在兩人失蹤十四天過後屍體終於在退潮時被人發現，父親僵硬的手仍緊抓著海灣一塊岩石，另一隻手則抓著他生前試圖拯救的男孩。「過了這麼多年，我心裡還是會想：他是和兒子死在一起的。他在死時心裡想的是：我不會放開我的兒子。海水每天漲退潮兩次，還有水流在拉扯他們，他怎麼過了這麼多天還能緊緊抓著岩石和兒子？」

我點了點頭，回憶起防腐師凱文的解說：恐懼的肢體表現，例如你搭雲霄飛車時肌肉的緊繃，可能會使你死亡的瞬間全身肌肉定格，這種現象稱為「死後抽搐」（cadaveric spasm）。不知馬蒂克是否期望我做出更大的反應？我聽了一對父子死亡的故事，腦子裡想的卻是那位父親緊抓著東西的實際原因，以及人體內的化學物質。在動筆寫這本書之前，我會做何反應呢？也許會問起孩子的母親吧，然而，我並沒有這麼問。

然後，他接著回想起監視器錄像中一個身體著火的男人。「我看到的大多是死人，但那是一個『快死』的人。我看過刀、槍、被炸飛的人頭、被炸爛的嘴巴，還有一個老男人死後放得太久，只剩下身體外殼，剩下部分都從地板縫隙流到樓下天花板了。我看過被沖到海灘上的屍體，看過一個男人被火車輾成兩半——腿在我那邊，剩下半截在我同伴那一邊。我看過一個女孩子從車子後面噴飛，她後側的頭骨完全消失了。那時候是凌晨三點，護理師在路邊幫她嘴對嘴做心肺復甦，結果往女孩子嘴裡吹氣的時候腦漿全噴在了我腳上。女孩子沒有腦袋，什麼都沒有了，全部都掉出來了。那個護理師不知道，她沒看到現場的慘狀——那時候太黑了，她看不到。她一直吹氣，可是聲音聽起來不對，氣都從頭的後面吹出來了。我對她說：『太遺憾了。』她抬頭看我，臉上都是血。」

「還有一次是個大男人，他死在樓上，可是我們沒辦法把他弄下漂亮的木樓梯，禮儀師還得用力咳嗽，蓋過我們把男人折成兩半繞過轉角的聲音。」他對著餐巾忍俊不禁。

「屍僵的肢體被折凹的聲音的確很難忘。」我說道，聽完剛才那一連串的記憶，我還能說什麼？不過後來在聽訪談錄音時，我才想到「天啊」或是「幹」之類的回應可能正常一些。

「你聽過?」馬蒂克的眉毛從摀著嘴的餐巾後面冒了上來。他將餐巾鋪回腿上，愕然盯著我，一副不確定我們是來幹什麼的模樣。我應該是沒見過世面的記者，應該由我來問他當時的感受才對啊。我將我這段時間的經歷告訴他，說起了太平間裡的遺體、灰燼之中的頭骨、山丘上的棺材。我對他說起捧在手裡的人腦，以及浴盆裡的嬰兒。說著說著，發現自己和他一樣開始用列舉的方式回憶過往了。

「你問我的這些事情，你自己不就經歷過了嗎?」他說道：「別想要我，你問我對什麼印象深刻，可是你自己就已經有這些回憶了。我沒有要反將你一軍的意思，不過事情就是這樣嘛，我倒是很驚訝，你怎麼沒自己一個人灌六瓶酒下肚！怎麼會是你問我問題?朋友，你已經到了，你已經，呃，『見識過了』。」

我尷尬地聳肩，希望自己臉上的表情是：我不是故意看見這麼多的。我最初的計畫很簡單：我會採訪死亡工作者，請他們介紹自己的工作，以及各自在心理層面上的應對方法；假如我乖乖待在一旁不礙事，他們還會讓我親眼觀察他們的工作。我本打算隨著遺體跑完太平間到葬禮的流程，將自己的所見所聞寫下來。我過去採訪過數百人，題材五花八門：影視、拳擊、字型設計、快樂與悲傷的故事。我當過各種世界的觀光客，所以參觀這個世界應該不成問題，行程結束後可以若無其事地收拾筆記本與錄音機，轉身離開——無論你多麼專注，也不可能光看過一次就成為「當地人」。儘管如此，我看見的事物仍比當初預期的多很多，內心感受也遠遠超乎預期。「老實說，除了嬰兒以外的部分我都還能接受。」我誠實地告訴馬蒂克。我彷彿忙著觀察雪崩，結果被彈下來的小石子砸中了頭。

也許馬蒂克說得沒錯，也許我真的見識夠了——也許我真的「已經到了」。也許這就是我的最後一場訪談，是他允許我停下來了。

我們雙方都沉默不語，馬蒂克不再進食，而是聚精會神地看著我，在腦中更新對我的印象。他原本認定我沒見過世面，並不是「真的」想聽這些事件的細節，我們聊了數小時之後，他才終於說到跪在路邊的護理師與滲入天花板的老男人。讀者，我沒有做任何假設，沒有妄圖揣測你能接受的程度，我的目標就是超越這些界線，若畫地自限就等同和自己作對，而現在，你和我一起來到了這裡。

「重點是，這下……」他往椅背一靠，望向餐廳一角，目光飄過了金色招財貓，似乎在決定是否該將自己的下一句話說出口。「好，既然你在寫書，那我就直接說了——你別會錯意。」他一本正經地靠上前。「那些畫面你是永遠洗不掉了。我這樣說不是要嚇唬你。你以後遇到一些事情，這些回憶就會被勾起來——你可能在某個地方，不知道為什麼就突然想到以前的事，怎麼也停不下來。這是因為你看過的這些東西不正常，你問我的這些事情，你自己也一腳踏進去了。」

他告訴我，重點是我將這些畫面收在腦中哪一個角落，以及我將它們歸納收藏的方法：它們此時都仍歷歷在目，但不久後就會逐漸淡去了。「這件事我已經做了三十年。」他說道：「護理師也是，消防員也是，你得想辦法把自己抽離出來，不然就會懷疑自己到底在搞什麼。」

我現在聽在耳裡，覺得再合理不過。我採訪過那麼多人，其中許多人都表示自己受工作上的事情影響時不是向諮商師求助，而是選擇和同事討論問題——因為同事當時也在場，同樣看見了他們目睹的畫面，無論是和助產士同僚在休息室談話的克萊兒，或是在年度烤肉會上和同儕談天的麥奧都一樣。禮儀師、防腐師與解剖病理學技術員會在研討會上分享各自的故事，他們知道身邊的人都不會感到駭異。聽了他們的說法，我聯想到之前讀的一些文章：有些軍人覺得自己只能和其他軍人談論想法，因為他們的參考標準實在太異乎尋常，他們所認知的世界也和日常生活差距十萬八千里。他們希望和自己對話的人懂他們的經歷、有過類似的體驗，而不是僅僅理解相關的理論。

我身邊沒有懂這些經歷的同事，所以我只能坐在電腦前，用打字的方式抒發心情。我告訴馬蒂克，我至今仍對那個嬰兒念念不忘，有時在咖啡廳看見隔壁桌的客人帶了嬰兒，我甚至會想像籃子裡的嬰兒死去的模樣。有時我和朋友聊天時，聽他們提到他們的嬰兒平時睡在父母之間，我腦中便會閃過嬰兒與父母同睡的死亡率。我告訴他，我參加派對時總是掃人興致，每次都會巴著別人說嬰兒的事，有時對方不過是問我近來如何而已，便會成為我傾吐苦水的對象。

「可是啊，你要是說這些經歷沒讓你更認識到生命的寶貴，我倒會覺得很驚訝。」馬蒂克說道：「這會對你造成好的改變，很多時候你經歷過這些以後會變得很謙虛。你看到嬰兒的時候，雖然腦子往某個方向想，心裡還是會覺得他們很珍貴，因為你看過事情的另一面了。在我看來，這會讓你變得更好。我不是說你會變得比別人好，而是說你會變得比以前的自己好，可以把事情看得更清楚、把事情做得更好，因為你見識過一般人完全不會接觸的東西。他們不願意接近這些也是無可厚非。」我點了點頭。和死者相處的這段期間，我學會對生者懷有耐心，也許那些死亡工作者對我如此耐心、對一個他們剛認識不久的人如此坦然，也是因為他們長期和死者相處。我現在較少和人爭吵了，雖然仍會火大，感覺卻淡了些，而且最會記仇的我如今將新仇舊恨都忘得差不多了。

「你會後悔從事那份工作、讓自己處於那種境地嗎？」

「『後悔』這兩個字從來沒出現過。」他說道，語調再堅定不過。「我從來、從來沒後悔過。我現在可以跟你說句老話，說我們所有人都走在自己的旅途上

——你已經選了自己的路，做了決定，接下來就是繼續走下去。這時候最糟的情況就是沒把路走完，那你就會後悔了。」

＊＊＊

精神醫師貝塞爾．范德寇在《心靈的傷，身體會記住》一書中談到了臨床上創傷對於身心的影響，他表示人在遭遇極端經歷時，身體的反應就是分泌壓力激素，大家常將後續的疾病與身體問題歸咎於這些激素。「然而，壓力激素應該是給予我們對非常條件做出反應的力量與耐力。積極採取行動、處理災難的人也許會救援愛人或陌生人、將傷者送至醫院、加入醫療團隊、搭帳篷或準備食物——這些人將壓力激素用在了適當之處，因此遭受創傷的風險低得多。」這些死亡工作者——或者套句電視節目主持人羅傑斯的話，這些「幫手」，之所以能在心理層面面對死亡，是因為他們身體上採取了行動，當我們（我）呆坐一旁時，他們已經在「行動」了。「話雖如此，」范德寇接著說道：「每個人都有自己的極限，即使是準備最周全的人，也可能因挑戰的規模過大而無法承受。」

在和死亡工作者對談的過程中，我一次又一次發現：沒有人是一口氣接受這一切的。就算他們的工作是處理死亡，也不會看見死亡的全貌；死亡機械之所以能順利運作下去，是因為每一個螺絲釘都專注於自己的領域、自己的分內事，就像娃娃工廠裡一個工人負責畫臉，畫完之後就將娃娃送到別人的工作區裝頭髮。死亡產業沒有一條龍式的工作，從路邊撿屍、解剖、防腐、穿衣到推入火爐這些工作並不會由一個人完成，而是產業內許多職務分明的人各自完成。

沒有人能解開你對死亡的恐懼，不過你看哪裡——以及同樣重要的「不」看哪裡，完全能左右你在死亡領域內的生存能力。我遇過幾個無法接受血腥解剖的禮儀師；遇過不願意為死者穿衣的火葬場員工，因為那感覺太過私密；遇過白天能若無其事地站在自己未來的墳裡，晚上卻不敢接近墓園的掘墓人；也遇過能夠將人類心臟取出來秤重，卻不肯讀驗屍報告中死者遺書的解剖病理學技術員。我們每個人都從自己眼前過濾掉了特定的事物，只不過每個人願意與不願意看的事物不同罷了。

這些死亡工作者每個人都有各自的極限，但每個人也都慎重考慮過自己的底線——之所以設限，是為了避免被偌大的挑戰擊潰。馬蒂克在談到「抽離」這件事時，我認為這不是冰冷無情的表現，而是一種建設性的行為：他能夠客觀地觀察事物，也能給自己一些空間，在不崩潰的情況下有效地完成工作。他並不是要我掩埋自己見過的事物，也不要我無視它們、拒之門外，而是要我從有意義的角度看待這些事情。這和我先前在處刑人身上看見的「抽離」就不同了——那位處刑人完全改寫了自己的現實，他幾乎不存在於這被竄改的現實裡。在他自己編撰的故事中，他否定了自身所有的自主選擇，這才能夠接受自己的行為。犯罪現場清潔工則是以不同的方式「抽離」，他不想知道死亡現場背後的故事，刻意將畫面與背景分離，只留下滿地血跡——以及手機裡通往永久「抽離」的倒數計時。

我不求你讀完這本書時產生什麼感想，只希望你考慮自己的極限所在。在著書過程中，我看見了其他人設下的限制：死嬰父親趁母親睡著時讓嬰兒消失；因死狀慘不忍睹而被裝進釘死的金屬棺材送回國的越戰軍人；四處碰壁後去到波比的殯儀館、問她願不願意讓他見溺死的哥哥最後一面的男人。這些往往是體制上武斷設下的假設與限制，對我們毫無幫助。我認為每個人都該自己設定自己的限制，只要那是你仔細考慮過後做出的決定，而不是受文化與常規影響而做的決定，那就必然是正確的選擇。「我們的工作不是強迫人們經歷一件會深深改變他們的事。」記得在這一切的最初，波比坐在藤椅上對我如此說道：「我們的責任是幫他們做好心理建設，用溫和的方式提供他們所需的資訊，讓他們掌握所有資訊後自己做決定。」

我認為她說得沒錯，這世上多得是想左右你對死亡與屍體看法的人，我可不想成為其中之一——我不想告訴你該對事情做何感想，只希望你能想一想、感受一下。你真正的極限也許比目前的限制還要遠，而生命中最貴重、最有意義也最能改變你的時刻，也許就在你目前的界線之外。如果你可以接受，甚至只感到好奇，那可以試著幫死去的親友穿衣。我們都比自己想像中堅強得多。退休的禮儀師隆恩·特瓦耶在多年前便學到了這件事，所以他掀開了軍人的棺蓋，當死者父親看見從戰爭中歸來的兒子時，他看見的並不是恐怖畫面，而是自己的兒子。

我時常想起數年前見過一面的女人，她對我說過母親在醫院病逝的故事。她說自己當時不想去探望母親，不希望自己對母親最後的印象染上死亡陰影，結果她選擇讓母親孤獨地離世。女人當時六十歲，這輩子從未見過屍體，她生怕從小到大對母親的回憶被病床上那一個畫面取而代之。她相信比起失去母親這件事本身，死亡畫面更會永遠摧毀她的心。在我看來，在你接觸死亡、熟悉死亡之時，在你不讓對未知的恐懼替你設限之時，就能夠獲得你迫切需要的知識，而這也是能改變人生的知識：你有接近死亡的能耐。如此一來，到了你愛的人離世之時，你就能陪在他們身邊，不讓他們孤獨死去。

至於我自己的極限呢，有時我會希望自己沒見過那個嬰兒，但如果我沒經歷過那一刻，就永遠看不見這個由人類悲傷與傷痛經驗堆砌而成的世界。如果沒見過那個嬰兒，我就永遠不會認識喪慟穩婆克萊兒，也永遠不會透過她的工作，認知到我們對這些人的忽視與不重視，以及他們的種種貢獻——他們不僅幫助我們照顧死者，還照顧了我們的心與腦。我們不該讓經歷過創傷的人獨自承擔沉重的認知，而多虧了克萊兒等人的工作，多虧她拍下照片放入回憶盒、自己記下當時的種種，並將這份對於存在的認可視為工作當中關鍵的一環，這類經歷才不會使人陷入孤獨與疏離。看見與試圖理解，不正是同理的本源嗎？

我一開始踏上這段旅程，就是為了理解一件沒有形體的事物，我若否定它的其中一部分，那就是違背初衷了。我想看見事情的全貌。然而，在這許多房間裡，站在這許多具屍體前，我仍短暫失去了言語能力。身為記者的我通常有問不完的問題，不過回顧訪談錄音時，我發現自己有時什麼都問不出口——空氣中只剩下沉寂，剩下冷凍庫的嗡嗡聲、骨鋸的聲響。回到家時，我會氣自己偶爾沉默不語、氣自己沒去看放在亞當胸前的照片，或氣那個不知我為何出現在解剖實驗室裡的學生揭開白布、無頭大體的身軀暴露在空氣中時，自己沒有踏近一些。

我為了接近死者寫過上百封電子信件懇求他人讓我參觀工作場所，還特地千里迢迢到外國採訪死亡工作者、參觀相關機構，為何在那一刻卻無法縮短那寥寥數英尺距離，檢視泰瑞鋸下大體頭部後的整齊切痕？在那一刻，我究竟為何止步不前？是因為我覺得那不是我該去的地方，所以即使來到解剖實驗室，我仍然站在遠處旁觀嗎？還是說，我認為自己無法承受頸椎斷面的畫面？我當時站在那裡，一邊對死亡做出反應一邊試圖完成自己的工作，停滯在驚奇與恐懼的交岔路口：「兩種相剋的人類情緒碰撞、衝擊，」小說家理察·鮑爾斯寫道：「迸出的火花可能使人灼傷，也可能帶來溫暖。」

有時當我跨不過心裡那道坎時，我會問自己究竟想找尋什麼。在波比的太平間看見第一具屍體過後，我多年前「看見真實死亡」的願望不是實現了嗎？這下還有什麼好看的？還有什麼好找的？

採訪馬蒂克過後那數日，那位父親一手拉著兒子、一手攀著岩石溺死在海灣的畫面頻頻浮現眼前，以一種難以言喻的方式揪住了我的心，我怎麼也無法釐清這種感受。那晚在中餐廳聽他說這段故事時，我分離出了畫面中的幾個真實細節，用我現在對於死亡生物機制的認知解釋了那個現象。我簡化了故事，和犯罪現場清潔工同樣將自己抽離出來，結果沒看見完整的畫面。接下來數周，我一直為此耿耿於懷，直到最後海水退潮，我終於看清事實為止。

肌肉是不會平白無故僵住的，死後抽搐不同於一般的屍僵，這是一種罕見的肌肉僵硬現象，比屍僵強得多——我之前在防腐室裡看過蘇菲凹折男人雙膝，但死後抽搐的屍體是無法用那種方式輕易凹折的。死後抽搐往往發生在肢體極端緊繃、情緒極為激動的瞬間，發現父子遺體的人彷彿穿越時空回到了他們死前的最後一刻，瞥見了海浪之下一張靜物畫。隨著潮水退去，被死亡保存下來的東西顯現在了我們眼前：即使到了死前最後一刻，那位父親仍不願放開兒子。海灣裡的水流十分強勁，也不會有人瞬間溺斃——倘若父親護子的念頭沒那麼堅定，他的手指想必抓不住岩石，兩人的屍身也許會在水中分開，分別漂至別處才被人發現。這和我當時站在太平間、看著嬰兒沉到水下時，心中湧升的原始本能相同——我很想伸手拉住他，如果能救他一命，我想必永遠不會放手。

現在，我看見了事情全貌：死亡讓我們看見了深埋在生者心中的事物。當我們為了保護自己而忽視死亡瞬間過後發生的種種，就是在防止自己加深對於自身真面目的認知。「將一個國家照顧死者的方式展示給我看，我便能精確量測該國人民的溫柔慈悲、對法律的遵從，以及他們對高尚理想的忠誠心。」威廉・格萊斯頓這句名言裱框掛在麥奧在肯揚公司的辦公室牆上。我們這套結合「付款」與「消失」的系統，就是在剝奪自己的這份認知。死亡工作者這些看不見的關懷與照顧，展現出的並不是對於工作的無情與抽離，事實恰恰相反——這些行為展現出了一種愛。

我與死亡相處的時間不長，不過這段時期我似乎變得溫柔一些，卻也堅強了一些：我接受生命的結局，同時為仍然在世的人們哀悼。我有一系列照片拍的都是父親滿是銀髮的後腦杓，照片中的他總是彎腰看著製圖板，只不過從前那五個女人的照片早已被其他圖片取代。在我們地理上受疫情與全球封鎖區隔兩地之時，在數以千計的人孤獨死去之時，我也就只有筆電裡這幾張父親的照片了。這本書成了我個人與涓流之間的談判，而在不久過後，涓涓細流猛然化成了洪災。

* * *

二〇二〇年一月，在新冠病毒疫情剛爆發那段時期，我看見中國一名男子癱倒、陳屍在街頭的照片，這對我而言就是我們即將步往大災變的徵兆。記者表示，他們觀察現場兩個鐘頭，期間至少十五輛救護車在前往別處路上經過那裡，之後才終於有一輛貼了黑窗紙的廂型車駛來，一些人將男子裝入屍袋，消毒了他原本所在的路面。事發當時，新冠病毒感覺仍十分遙遠，像是發生在別人身上的事情，不過光是看見一具出現在錯誤位置的屍體，你就知道有某種根本開始崩潰了。既然人死了之後只能繼續躺在原處，就表示死亡工作者忙不過來了——他們也是在前線工作，卻無人為他們鼓掌，只有在他們的工作消失時我們才會注意到異常。

隨著死亡人數逐漸飆升，媒體逐漸將焦點放在了人們援助國民健保署的新聞，以及九十九歲的退役英國陸軍軍官湯姆上尉緩緩在自家花園繞圈募款的新聞。但是，若死亡不過是每日出現在螢幕上的數字，那看不見的敵人就會顯得毫不重要。新聞媒體後來試著將醫院內部的畫面呈現給社會大眾，但如果你不故意搜尋，就不會看見棺材、屍袋或臨時停屍間——即使找到了，那也通常是外國的新聞。「地點越是偏遠或奇異，我們就越有可能直截了當地看見死者與將死之人。」桑塔格在討論人們對於痛苦畫面的反應那本書中如此寫道。

在當時，我覺得我們漏了故事的一大塊，不過我也認為這份失敗與不解早在二〇二〇年之前就存在了。在一個人人將死亡視為抽象概念的世界，你又怎能將數字轉譯為屍體呢？

這讓我聯想到多年前某一集《新鮮空氣》廣播節目中，愛滋社運人士鍾斯（Cleve Jones）對主持人泰瑞・格羅斯（Terry Gross）說過的一番話。他們在節目上談到了一九八五年的舊金山，當年該城市的愛滋病死亡人數剛達一千人，那年十一月鍾斯前去參加遇刺政治家的年度燭光紀念會，站在卡斯楚街與市場街路口時，他忽然為看不見明顯的證據而感到懊惱又氣餒。他就站在愛滋疫情擴散的中心點，明知疾病正在迅速傳播，除了患者群體之外卻幾乎無人承認此事。放眼望去，鍾斯看見人們在餐廳用餐，在談笑與演奏音樂，他說道：「那時候我心想，如果能拆毀這些建築，如果這是一片草原，有一千具屍體在陽光下腐爛，那大家看見了就會立刻明白，只要是人類就會做出反應。」

他並沒有破壞建築，而是著手創造了新事物——他動手縫製愛滋紀念毯，毯子的每一塊布料都是六英尺長、三英尺寬，和墳墓尺寸相當。過了三十六年，紀念毯仍不斷擴大，它如今重達五十四噸，紀念了十萬五千名愛滋病逝的人，是全球最大的一件社群民俗藝術品。它之所以存在，是因為大眾很難想像屍體，在看不見屍體時又能輕易忽視它們——也有些人會聽從腦中的偏見，認為那些死者並不重要。

時間快轉到二〇二〇年，只見大家勉強喘息著在小螢幕上道別，有些人是第一次看見死亡，對方卻是他們摯愛的人。我們無法以一般的方式為死者哀悼，無法參加喪禮，只能透過又一個螢幕看著Zoom上的喪禮直播，最後腦中只留下死亡的概念而已。

隨著每日死亡人數從個位數上升至四十多人，到後來變成每天數十萬人——我心裡想的是：這每一個數字都是一個人，都是裝在屍袋裡的一具屍體。每一具屍體都由某處的某個人負責照料，就像我那個朋友被人從氾濫小溪裡拖上岸時，有人負責照料她一樣。我困在家中，大腦因壓力與無用感成了一灘糨糊，這時才像許多人一樣首次注意到了家門外的花園。在過去，我只會站在後門口，將晚餐廚餘扔給和我們交上了朋友的烏鴉一家。現在，我開始試探性地劈開纏繞小樹的藤蔓與荊棘叢，想查查它們是花園裡該有的植物還是雜草。我花了數周在適合掘墓但不適合蒔花弄草的黏土花園裡披荊斬棘、拔雜草與挖土，然後開始栽種植物——無論新聞報導什麼、無論我多麼無知、無論有多少人死亡，小小的生命仍會在土裡萌芽。大自然生生不息的力量給了我情緒支持，不過這一切都沒能讓我分心、放下花園外發生的種種，這是我面對新聞、處理情緒的方法。

思考死亡與時間的流逝，也是照料花園的一部分。你將植物種到土裡時，就已經知道它可能死去，在栽種之時你就知道這些植株會在六個月後秋霜降臨時逝去。一個簡單的動作，包含了對於生命終結的接受，同時也是在歡慶短暫而美麗的生命。大家常說園藝栽植有療癒效果，當你用雙手觸摸土壤、對世界造成改變，就能感受到此時此刻自己正活在世界上，即使只影響了一個陶盆裡的植物，你的所作所為還是有意義的。話雖如此，園藝的療癒效果可不只作用在物質層面上：從春季開始，每一個月分都是通往結局的倒數計時。園藝師每年都會接受死亡、為未來的死亡制定計畫，甚至會歡迎死亡的到來，欣賞在冬季結冰的種子穗——它象徵了終結，同時也象徵了新的開端。

隨著寒冬到來，死亡人數也逐漸攀升。第一波疫情來襲時，紐約醫院外頭停了一批冷凍貨車，權作額外的停屍空間，洛杉磯郡暫停了空汙管制並暫時解放了每月的火化人數限制，希望能加速處理堆積如山的遺體。在每日逾四千人死亡的巴西，新冠隔離病房的護理師將丁腈手套灌了溫水放在病人手裡，讓病人感覺自己握著人類的手，稍稍減緩他們的孤獨感。在數十萬人死亡之前的二〇二〇年三月底，美國總統川普曾站在白宮玫瑰園說道：「好希望我們可以回到原本的生活。我們本來有史無前例的好經濟，我們本來沒有死亡的。」

但是，死亡一直都在我們身邊，我們不過是避開了它的視線罷了。我們為了忘卻而隱藏死亡，繼續相信自己不會遭遇死亡，然而疫情期間死亡感覺近在咫尺，世界各地的所有人都可能死去。我們是死亡年代的倖存者，接下來就必須搬動腦中的家具，接納這位再次現形的客人。

# 作者銘謝

感謝我這一路上遇到的所有死者，我知道名字、不知道名字的所有人。

也感謝生者和我分享他們的時間與工作：波比・瑪達爾、太平間裡的阿隆與羅珊娜、泰瑞・雷居尼爾、尼克・雷諾茲、麥克・「麥奥」・奥利佛、尼爾・史密瑟、傑瑞・吉文斯、隆恩與金恩・特瓦耶、菲利普・高爾博士、凱文・辛克萊、蘿拉－蘿絲・艾爾戴爾、克萊兒・畢斯利、亞諾維墓園的麥可與鮑勃、坎福火葬場的東尼與大衛、人體冷凍機構的丹尼斯與希拉蕊，以及安東尼・馬蒂克。

感謝克林特・愛德華茲（Clint Edwards），我的第一個讀者，也是和我最親近的讀者，你是我迷失在對話紀錄與草稿海中時指引我上岸的燈塔，你是最會駕駛破舊出租車的司機，而且你不僅陪伴我走過好幾個痛苦的死線，還陪我生活在全球疫情之中——維恩（Wayne）與維內塔（Waynetta）萬歲！艾迪・坎貝爾（Eddie Campbell）與奥黛莉・尼芬格（Audrey Niffenegger），你們是我最愛的兩個怪胎，若是沒有你們，我可能根本不會寫出這本書。克利斯托佛・敏塔（Kristofor Minta），謝謝你在多年前把我介紹給歐內斯特・貝克爾，也謝謝你承擔了後續的種種。凱特琳・道提，謝謝你智慧的引導，也謝謝你讓我借宿（對不起，我不該試圖用你的果汁機磨咖啡豆的）。死亡君主約翰・特瓦耶博士，謝謝你替我介紹機會，並讓我借用他的腦子與家人。莎莉・歐森－瓊斯（Sally Orson-Jones），謝謝你和我反覆辯論，直到我想出自己究竟想表達什麼為止。奧利・富蘭克林－瓦利斯（Oli Franklin-Wallis），謝謝你在我瀕臨崩潰時鼓勵我。凱特・米霍斯（Cat Mihos），謝謝你當我的小白鼠（除了道謝以外，我還想對你道歉）。

感謝渡鴉出版社（Raven Books）所有善良、耐心又聰明的人，尤其是艾麗森・海尼西（Alison Hennessey）與凱蒂・艾利斯－布朗（Katie Ellis-Brown），以及聖馬丁出版社（St. Martin’s Press）的漢娜・菲利浦斯（Hannah Phillips）。感謝我的出版經紀人蘿拉・麥都格（Laura Macdougall）、奧麗薇亞・戴維斯（Olivia Davies）、蘇拉蜜塔・蓋布茲（Sulamita Garbuz）與強恩・埃利克（Jon Elek）。也感謝作家協會（The Society of Authors）與作家基金會（Authors’ Foundation）提供撰寫本書的部分經費。

有許多人幫忙回答了我莫名其妙的問題——和鳥類相關、刻字相關，或者和意識相關的各種問題——或者以別種方式幫了我一把。感謝蘇・布萊克女爵士與教授（Professor Dame Sue Black）、鄧迪大學（University of Dundee）解剖學與人類辨識中心（Center for Anatomy and Human Identification）的薇薇安・麥葛爾（Vivienne McGuire）、保羅・柯福德（Paul Kefford）、加州大學洛杉磯分校（UCLA）的丁恩・費雪（Dean Fisher）、羅傑・阿瓦利（Roger Avary）、阿尼・賽斯、B・J・米勒（BJ Miller）、布萊恩・馬基（Bryan Magee）、布魯斯・勒凡（Bruce Levine）、艾瑞克・馬蘭（Eric Marland）、莎榮・史蒂勒（Sharon Stiteler）、尼克・布斯（Nick Booth）、蘿拉・詹納–克勞斯納拉比（Rabbi Laura Janner-Klausner）、露西・柯曼・塔伯特（Lucy Coleman Talbot）、喬奧・米德伊洛（João Medeiros）、奧利・敏頓博士（Dr. Ollie Minton）與亞諾維墓園的凡妮莎・史賓塞（Vanessa Spencer）。

這本書是在明尼蘇達州郊區一輛公車上寫的，是在紐約一間旅館的烘衣機旁寫的（那間旅館如今正在拆除中），是在紐奧良市一棟建築的屋頂上寫的，是在密西根州某間阿比餐廳外的車上打出來的，不過寫作工作主要是在倫敦北部完成的。感謝所有讓我借宿、讓我搭便車、借我書、請我吃晚餐、以上皆有，以及單純聽我發牢騷的朋友們：艾莉諾・摩根（Eleanor Morgan）、奧利・理查茲

（Olly Richards）、里歐・巴克（Leo Barker）、納撒尼爾・麥特卡夫（Nathaniel Metcalfe）、奧希・赫斯特（Ossie Hirst）、安迪・萊利（Andy Riley）與波莉・法布（Polly Faber）、凱特・瑟維拉（Cate Sevilla）、尼爾・蓋曼（Neil Gaiman）、亞曼達・帕默（Amanda Palmer）、比爾・史蒂勒（Bill Stiteler）、史蒂芬・羅德里克（Stephen Rodrick）、托比・芬雷（Roby Finlay）、達倫・李奇曼（Darren Richman）、在俄亥俄州雪夜中拯救了我們的湯姆・史波均（Tom Spurgeon）（老朋友，願你安息）、艾琳（Erin）與麥肯錫・達林普（Mackenzie Dalrymple）、麥可（Michael）與考特妮・蓋曼（Courtney Gaiman），以及我親愛的喬治・寇斯坦薩（George Costanza）與約翰・薩瓦德（John Saward）。感謝彼得（Peter）與賈姬・奈特（Jackie Knight）幫忙照顧貓咪奈德（Ned），另外也感謝奈德本貓——你是我的影子、我的紙鎮，我自動自發的鬧鐘。

寫這本書害我頭上多了灰色髮絲，所以感謝蘇珊・桑塔格與莉莉・蒙斯特（Lily Munster）讓這看起來像刻意為之的造型。

ALL
THE LIVING
AND
THE DEAD

國家圖書館出版品預行編目 (CIP) 資料

死亡專門戶：12 門死亡產業探祕，向職人學習與生命共處和告別 / 海莉．坎貝爾 (Hayley Campbell) 著；朱崇旻譯 . -- 初版 . -- 臺北市：遠流出版事業股份有限公司，2023.09
面；公分
譯自：All the living and the dead : a personal investigation into the death trade
ISBN 978-626-361-207-5( 平裝 )
1.CST: 殯葬業 2.CST: 生死觀 3.CST: 文集

489.66　　112012470



# 死亡專門戶

## 12 門死亡產業探祕，向職人學習與生命共處和告別

作者——海莉．坎貝爾（Hayley Campbell）
譯者——朱崇旻
總編輯——盧春旭
執行編輯——黃婉華
行銷企劃——鍾湘晴
美術設計——王瓊瑤
內頁插圖——黃婉華

發行人——王榮文
出版發行——遠流出版事業股份有限公司
地址——104005 台北市中山北路一段 11 號 13 樓
客服電話——(02)2571-0297
傳真——(02)2571-0197
郵撥——0189456-1
著作權顧問——蕭雄淋律師
ISBN——978-626-361-207-5

2023 年 9 月 1 日 初版一刷
定價——新台幣 550 元
（缺頁或破損的書，請寄回更換）


遠流博識網
http://www.ylib.com
E-mail: ylib@ylib.com